きせかえまほうシール

べんきょうが　おわったら，　ページの　ばんごうの　シールを　「コーディネートシート」のおなじ　ばんごうの　ばしょに　はって，えを　かんせいさせよう。

キララからの　しんちゃくメッセージ

キラピチ星へ　ようこそ！

わたしは　キララ、よろしくね。
ここ　キラピチ星の　みんなは、
オシャレに　なれる　まほうが　つかえるの！

でも、そのまほうを　じょうずに　つかう　ためには、
「オシャレまほう学校」で　たくさんの　ポイントを
あつめなければ　いけなくて・・・

まいにち　がんばって　いるけれど、
今日は　うっかり　ねぼうしちゃった！
たんにんの　レモン先生に　おこられちゃうよ～！

みんな！　この　ドリルで　わたしの　オシャレを　てつだって！

とうじょうじんぶつ

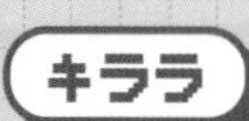

キララ
キラピチ星に　すむ
おとなしくて　まじめな　女の子。
せいそな　ふくが　すき。

みーさん
キララの　あいぼう。
すきな　たべものは
マシュマロ。

ピーチ
キララの　ともだち。
あかるくて　げんき。
かわいい　ふくが　すき。

レモン先生
ピーチと　キララの
たんにんの　先生。
おこると　こわい。

もくじ

コーディネートシート

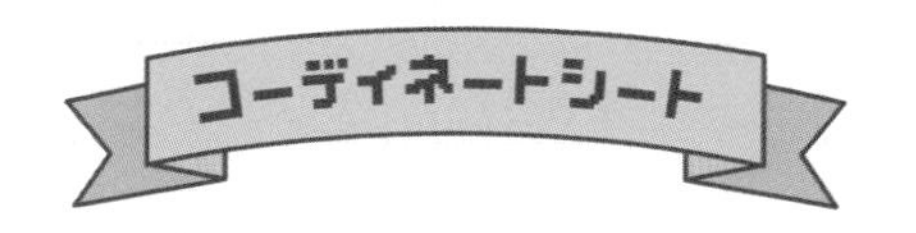

▶ 自分も、まわりも、元気に しちゃお！

ビタミン☆ポップステージ

今日の　1時間目は、ポップな　ファッションが　テーマだよ。まわりの　人を　元気に　できるような、明るい　コーデに　したいね。ねぼうして　かみの毛は　ボサボサだけど、かわいく　へんしん　できるかな？

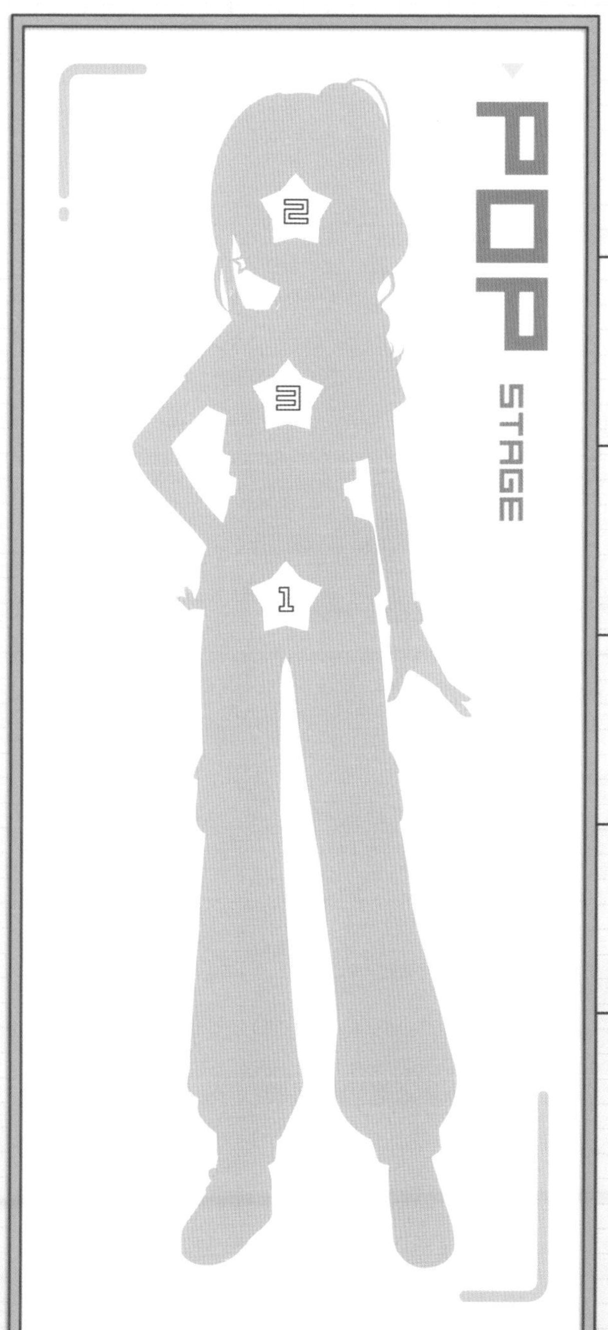

ポイントアイテム

トップス
シースルークロップドT
白の　タンクトップに　シースルーの　黒Tを　プラス。

ボトムス
ビビッド☆パープルカーゴ
きみどり色の　ラインが　かっこいい　カーゴパンツだよ。

シューズ
プリズムオーロラスター
キラっと　かがやく　ほしが　かっこいい！

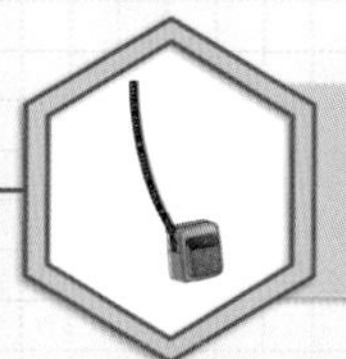

バッグ
オレンジメッシュサコッシュ
ボックスがたの　ポップな　ショルダーバッグだよ。

ヘア
ジョイフル♪ポニー
ウェービーな　かみを　いかした　ハイポニーテール☆

▲えに　シールを　はって、コーディネートを　かんせいさせよう！

COLOR LEVEL：
★★★

ITEM LEVEL：
★★★★★

KAWAII LEVEL：
★★★★

キララのオシャレポイント

490ポイント！

レモン先生

ビビッドな　カラーを　じょうずに　つかって、ポップさ　ぜんかいの　コーデね☆　黒や　むらさきも　とりいれて　いるから、クールな　ふんいきも　出て　いるわ。高い　いちでの　ポニーテールも　ステキよ。

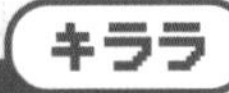

ありがとうございます！

ピーチ

キララ、おつかれさま！　つぎは、花がらの　ふくを　つかった　コーデが　かだいなんだって。花がら、どれもかわいくて　こまっちゃうね〜。

そうね…。どんな　コーデに　しようかな？

つぎのステージへつづく ▸▸

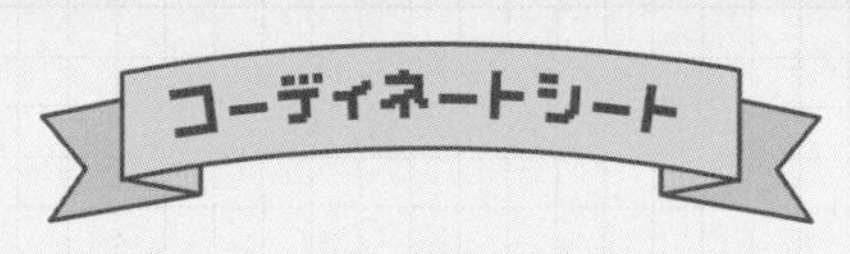

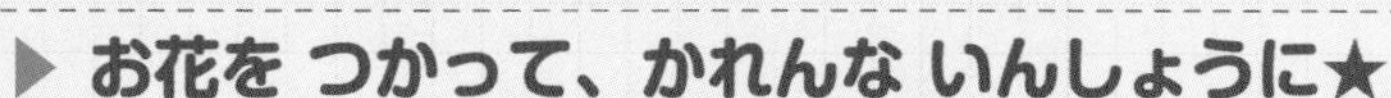

▶ お花を つかって、かれんな いんしょうに★

キュート♡フラワーステージ

2時間目は、花がらの　アイテムを　とりいれた　ファッションが　テーマだよ。はなやかな　ふんいきと　せいそな　ふんいき、りょうほう　出せると　いいね。かわいい　アイテムを　そろえて、キュートに　きめてね！

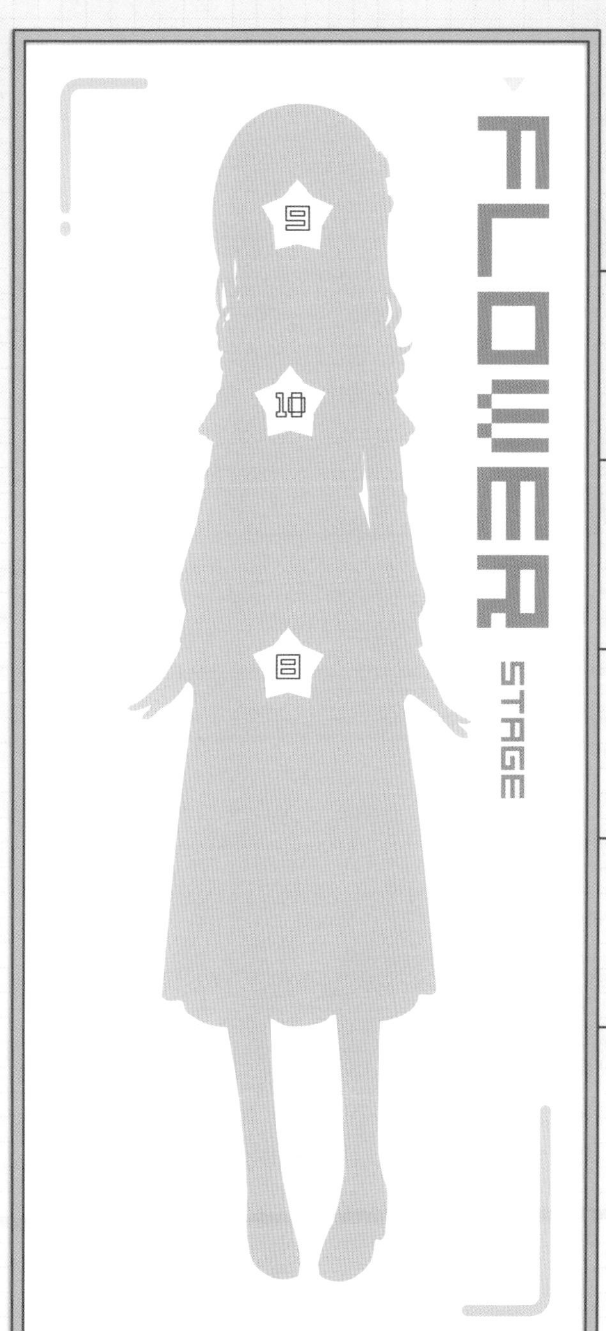

ポイントアイテム

ドレス

スカイフラワーシフォンワンピ

小さな　花がらが　かわいい、水色の　ワンピース。

シューズ

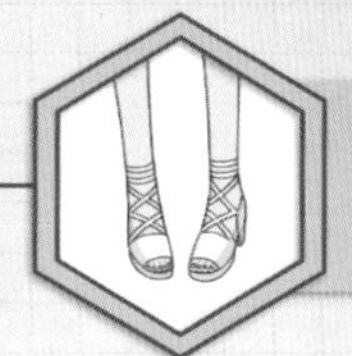

クロスストラップサンダル

白い　ラインが　エレガントな　サンダルだよ。

バッグ

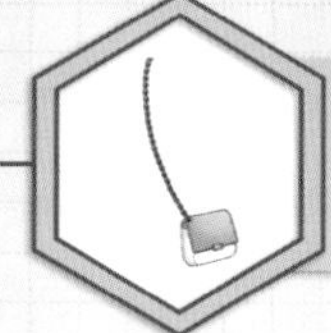

カフェラテチェーンポシェット

色の　きりかわりが　オシャレな　ミニポシェットだよ。

アクセサリー

ピュアパールリボン

黄色い　リボンと　小さな　パールが　かわいい♡

ヘア

おしとやかなハーフみつあみ

耳の　上の　みつあみを、うしろで　むすんだ　ヘア。

せいそな コーデは
まかせてください！

▲ えに　シールを　はって、コーディネートを　かんせいさせよう！

COLOR LEVEL :
★★★★

ITEM LEVEL :
★★★★

KAWAII LEVEL :
★★★★★

キララのオシャレポイント

550ポイント!

レモン先生

小さな　花がらの　ロングワンピースが、とっても　じょうひんね。お出かけに　ぴったりの　コーデだと　思(おも)うわ。ベルトで　ウエストを　しめると、足が　長く　見えるから　おすすめよ♪

ピーチ

キララの　コーデ、とっても　かわいい！いっしょに　お出かけしたいな♡

みーさん

わたしも　キララと　いっしょに　出かけたいです～！　キララ、つぎは　スポーティーコーデです！

キララ

そうなんだ！　さわやかな　コーデに　しないとだね☆

つぎのステージへつづく ▶▶

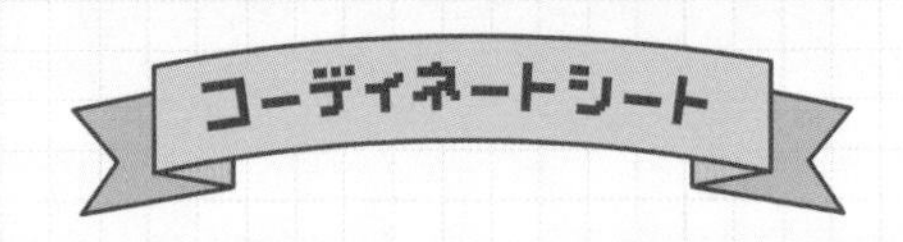

▶ うごきやすさ NO.1！　めざせ みんなの ヒーロー

アクティブスポカジステージ

3時間目は、スポーツが　できそうな、うごきやすい　ファッションが　テーマだよ。元気で　アクティブな　いんしょうを　あたえられたら　グッド☆　カラーの　バランスにも　気を　つけよう！

ポイントアイテム

トップス

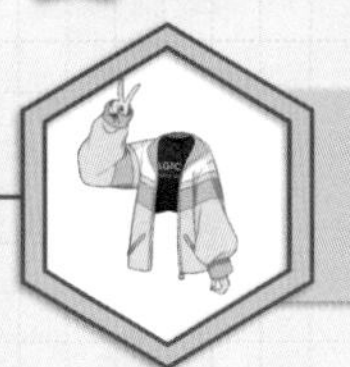

ゆるだぼソーダパーカー

黒Tに　大きめジャケットを　合わせるのが　オシャレ☆

ボトムス

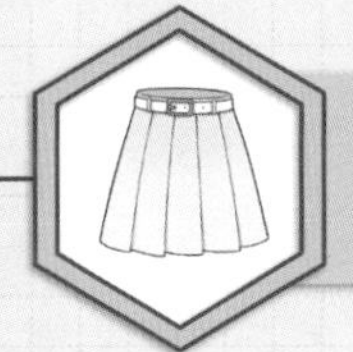

レモンプリーツミニ

さわやかな　レモン色の　プリーツスカートだよ。

シューズ

ルーズラインシューズ

ルーズソックスを　あわせて　オシャレに♡

バッグ

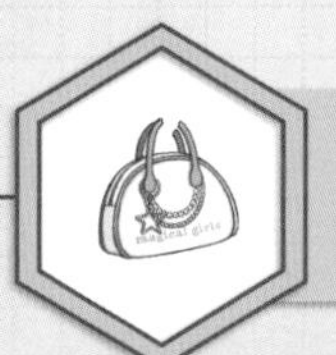

エナメル☆スターチャーム

ほしの　チャームが　ついた　エナメルバッグ。

ヘア

ぴょん×2そとはねヘア

毛先を　外に　はねさせて、おでこを　見せた　ヘア！

さわやかに
きこなしましょう！

▲えに　シールを　はって、コーディネートを　かんせいさせよう！

COLOR LEVEL：
★★★★★

ITEM LEVEL：
★★★★

KAWAII LEVEL：
★★★★★

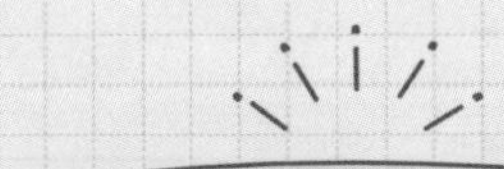

キララのオシャレポイント

690ポイント！

レモン先生

今回の　ファッションは　サイズかんが　ポイントね。ミニスカートと　ピタッとした　Tシャツに　ダボっとした　ジャケットを合わせて　いて、とっても　オシャレよ♪　足元を　ルーズソックスで　くずしたのもいいわね。

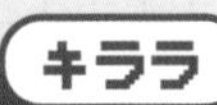

うれしいです！　ありがとうございます。

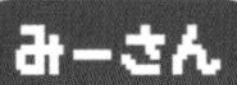

キララが　おでこ出すの、めずらしくて　かわいいです♡　つぎは、大人っぽコーデですよ！

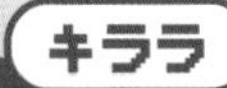

大人っぽコーデかあ…、むずかしそうだね！

つぎのステージへつづく ▶▶

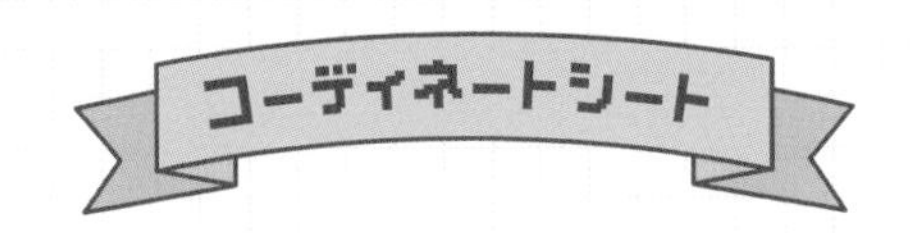

▶ シンプルオシャレで お姉さん気分♡

おすまし♪大人っぽステージ

4時間目は、大人の　人も　きられそうな、シンプルオシャレな　ファッションが　テーマだよ。大人っぽい　そざいや　シルエットを　えらぶのが　ポイント。カラーも、ぜんたいてきに　おとなしめに　まとめてね！

ポイントアイテム

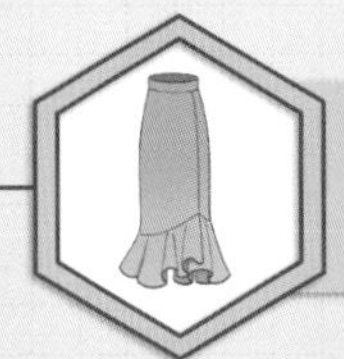

トップス

モテラベンダーオフショル

ラベンダー×チェックの　オフショルが　大人っぽい♡

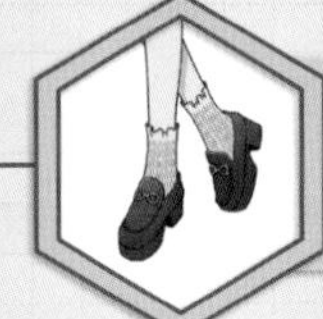

ボトムス

大人っぽマーメイドフリル

シンプルで　合わせやすい　マーメイドスカートだよ。

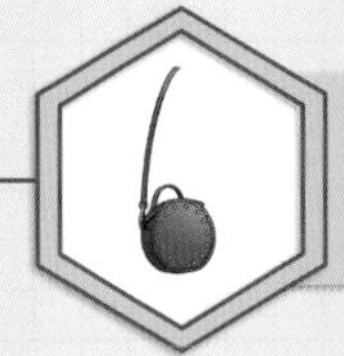

シューズ

ロイヤルあつぞこローファー

あつぞこの　ローファー+くつ下で　かわいらしく♡

バッグ

ビターサークルバッグ

ゴールドの　かざりが　オシャレな　丸い　バッグだよ。

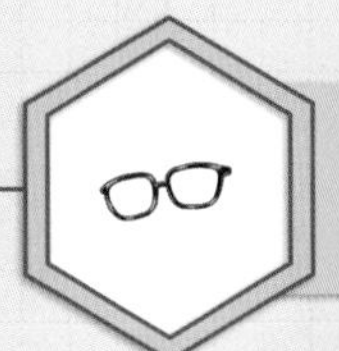

アクセサリー

べっこうオシャメガネ

太めの　フレームが　オシャレな　べっこうメガネだよ☆

大人っぽい キララ、
楽しみです♪

▲えに　シールを　はって、コーディネートを　かんせいさせよう！

COLOR LEVEL :
★★★★★
ITEM LEVEL :
★★★★★
KAWAII LEVEL :
★★★★★

キララのオシャレポイント

740ポイント!

レモン先生

オフショルの　トップスに、マーメイドスカートを　合わせると、とっても　大人(おとな)っぽくなるわね。それに、メガネを　かけて　いるから、知(ち)てきな　いんしょうが　でて　いるわ。バッグと　シューズの　そざいを　合わせて　いるのも　ポイントね。

キララ

ありがとうございます！　ちゃんと大人っぽく　なれたかな？

レモン先生

だいじょうぶ、とっても　ステキよ。さあ！さいごは、ゆかたコーデよ。今(いま)から　夏(なつ)まつりに　出かけるわよ♪

キララ

うそ！　今から〜！？

つぎのステージへつづく ▸▸

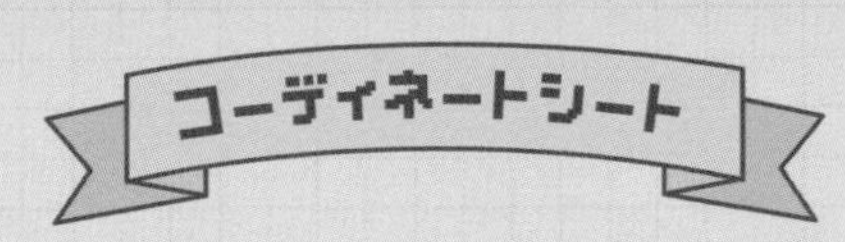

▶ ステキな ゆかたで、しせんを ひとりじめ♪

夏きまんきつ!ゆかたステージ

5時間目は、夏まつり♪　ゆかたを　つかった　ファッションが　テーマだよ。ゆかたの　がらの　色で、小ものの　色を　まとめてね。おびひもや　かみかざりも　こだわって、夏まつりで　目立っちゃおう☆

ラッキーカラー

ポイントアイテム

ドレス

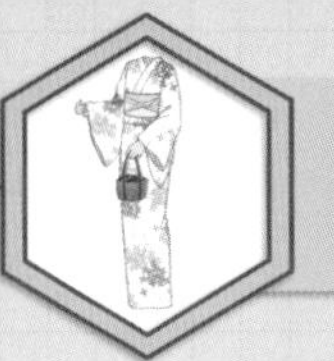

あじさい和がらのさわやかゆかた

あじさいがらの　ゆかたに、黄色の　おびを　プラス☆

シューズ

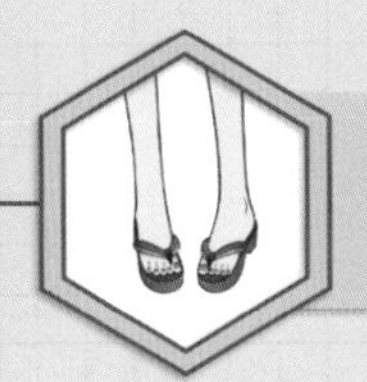

はな色のげた

はな色の　はなおが　かわいい、シンプルな　げただよ。

アクセサリー

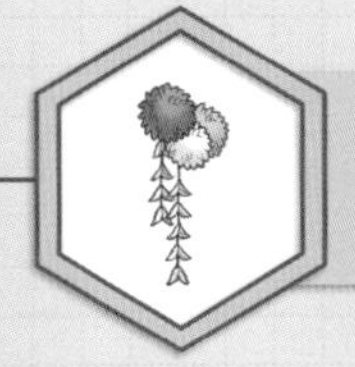

ピンポンマムのかみかざり

むらさき色の　小さな　お花の　かみかざりだよ。

ヘア

サイドトップあみこみ

トップに　ボリュームを　出した、サイドあみこみだよ。

▲えに　シールを　はって、コーディネートを　かんせいさせよう！

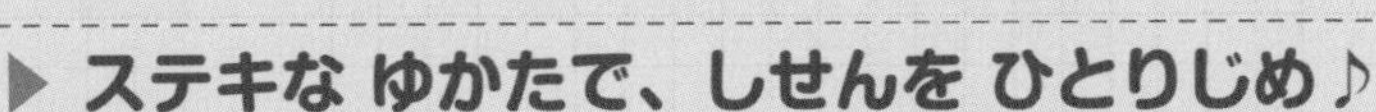

COLOR LEVEL：
★★★★★★

ITEM LEVEL：
★★★★★

KAWAII LEVEL：
★★★★★

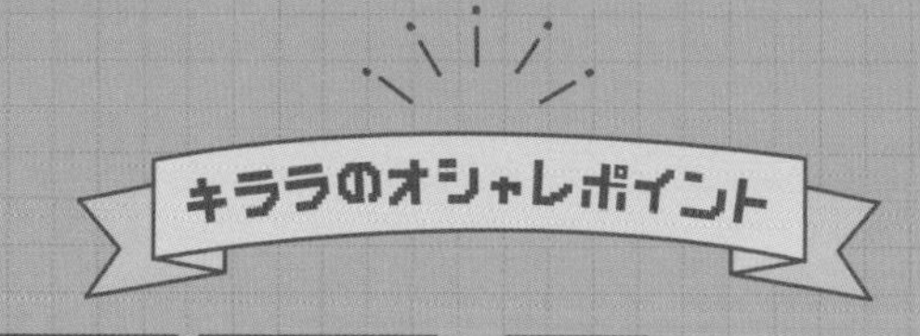

830ポイント！

レモン先生

キララらしい、せいそで　おしとやかな　ゆかたを　えらんだわね！　おちついた　色のあじさいが　とっても　大人っぽいわ♪　おびだけを　黄色に　して、明るい　いんしょうを　プラスできて　いるわ。ヘアアレンジも　はなやかで、ほんとうに　ステキよ。

ピーチ

キララ、ここまで　おつかれさま！　キララの　オシャレポイントは、ぜんぶで　3300ポイントだって☆

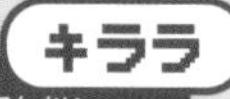

うれしい♡　みーさん、今回もサポート　ありがとう！

みーさん

はい！　これからも　いっしょに、りっぱなオシャレマスターを　めざして　いきましょう♪

たし算と　ひき算の しかた

答え 81ページ

1 19+3の　計算(けいさん)を　します。
□に　あう　数(かず)を　書(か)きましょう。

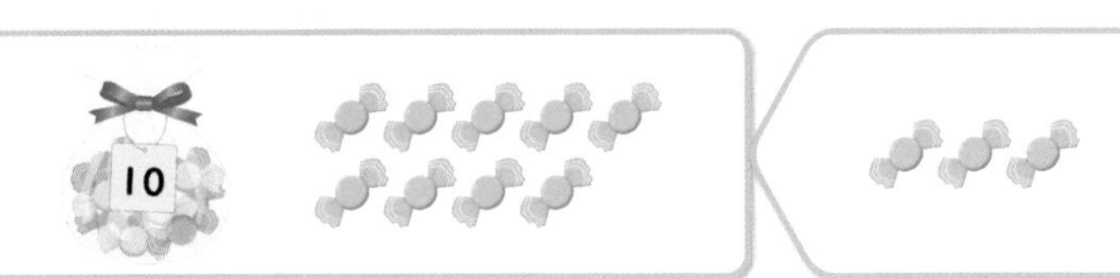

① 3を　1と　□　に　わけます。

② 19に　□　を　たして　20。

③ 20と　□　を　たして　□。

2 たし算を　しましょう。

① 15 ＋ 5 ＝ □

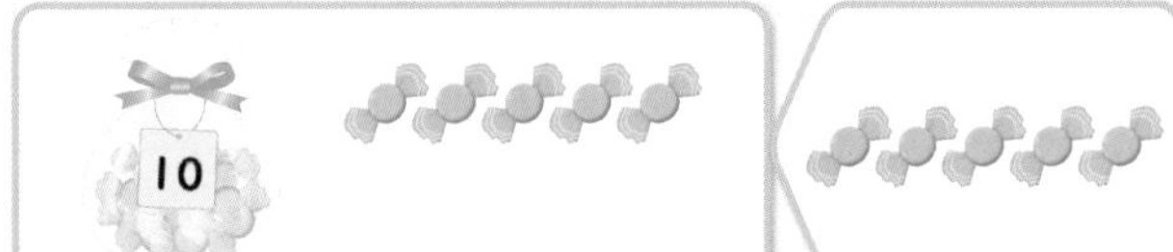

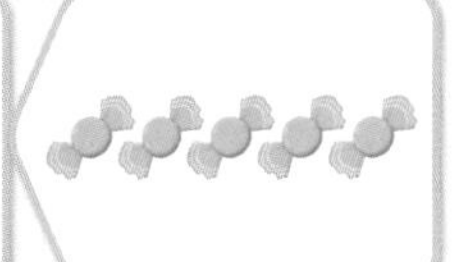

② 34 ＋ 6 ＝ □

③ 28 ＋ 4 ＝ □

④ 64 ＋ 9 ＝ □

⑤ 79 ＋ 8 ＝ □

3 21−9の　計算(けいさん)を　します。
□に　あう　数(かず)を　書(か)きましょう。

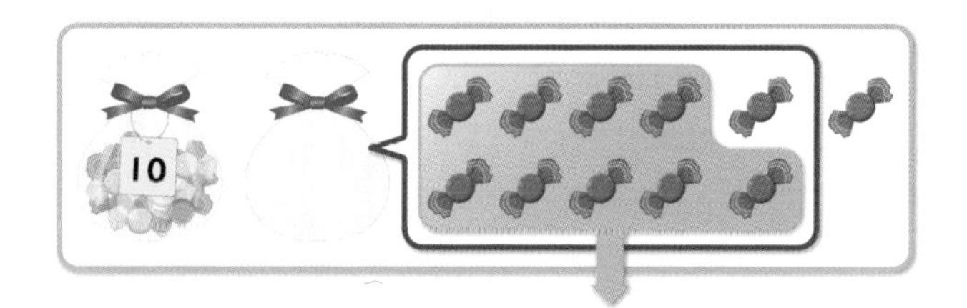

① 21を　□と　1に　わけます。

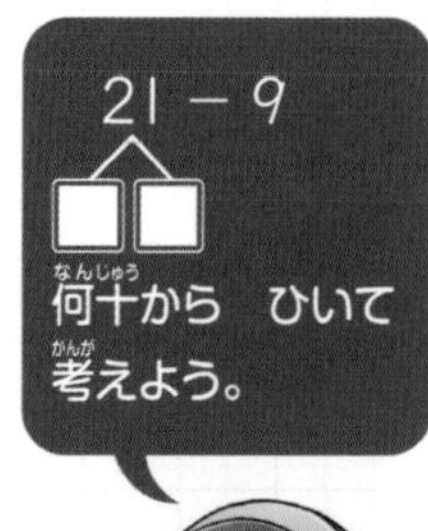

② 20から　□を　ひいて　11。

③ 11と　□で　□。

4 ひき算を　しましょう。

① $20 - 3 =$ □

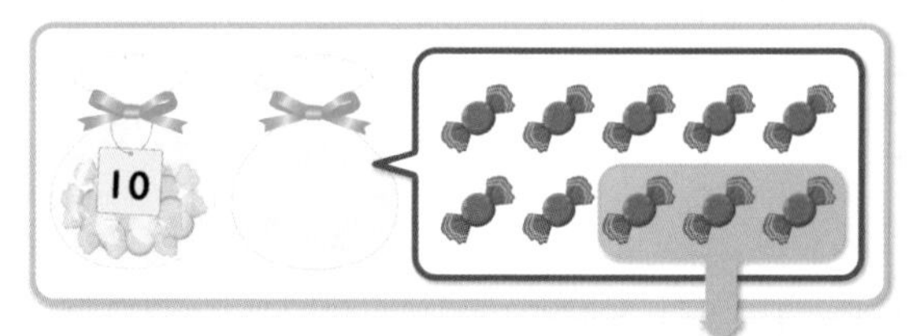

② $50 - 8 =$ □　③ $35 - 6 =$ □

④ $82 - 9 =$ □　⑤ $73 - 7 =$ □

ポップとは，元気(げんき)で　明(あか)るい　コーデの　こと。ふくも　こものも　ハデな　色(いろ)を　つかうのが　ポイント！

答え合わせを　したら　1の　シールを　はろう！

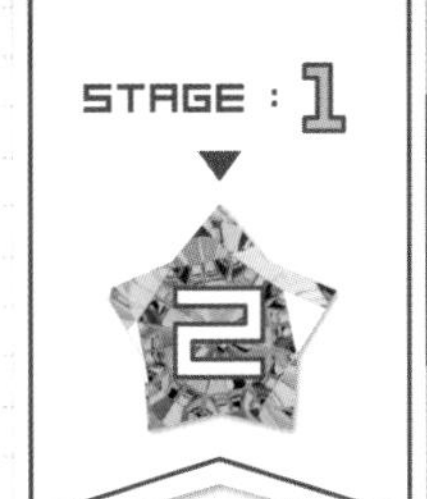

たし算の　ひっ算①

月　　日

答え　81ページ

1 計算(けいさん)を　しましょう。

①

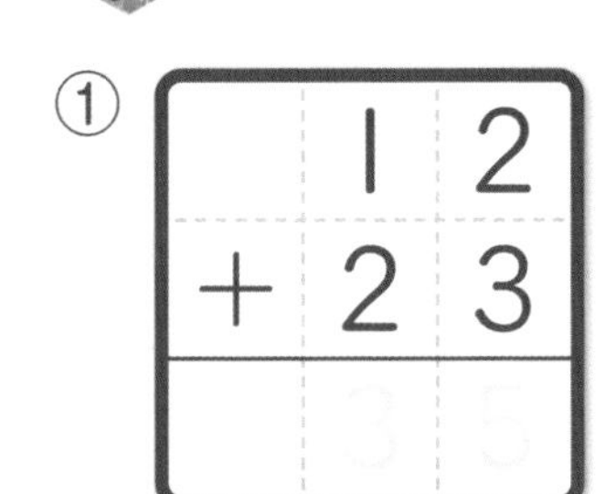

十のくらい 1+2

一のくらい 2+3

② 21 ＋ 35 ＝

③ 54 ＋ 23 ＝

④ 16 ＋ 42 ＝

⑤ 25 ＋ 50 ＝

⑥ 20 ＋ 40 ＝

⑦ 30 ＋ 67 ＝

⑧ 54 ＋ 4 ＝

⑨ 5 ＋ 62 ＝

⑩ 80 ＋ 9 ＝

2 計算(けいさん)を　しましょう。

① $\begin{array}{r} 14 \\ +25 \\ \hline \end{array}$

② $\begin{array}{r} 52 \\ +16 \\ \hline \end{array}$

③ $\begin{array}{r} 74 \\ +21 \\ \hline \end{array}$

④ $\begin{array}{r} 40 \\ +45 \\ \hline \end{array}$

⑤ $\begin{array}{r} 81 \\ +\ \ 6 \\ \hline \end{array}$

⑥ $\begin{array}{r} 3 \\ +80 \\ \hline \end{array}$

3 ひっ算で　しましょう。

① 13＋32

② 36＋50

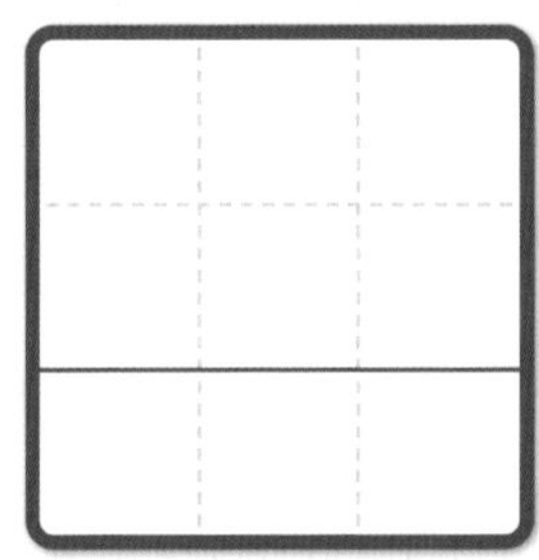

③ 60＋30

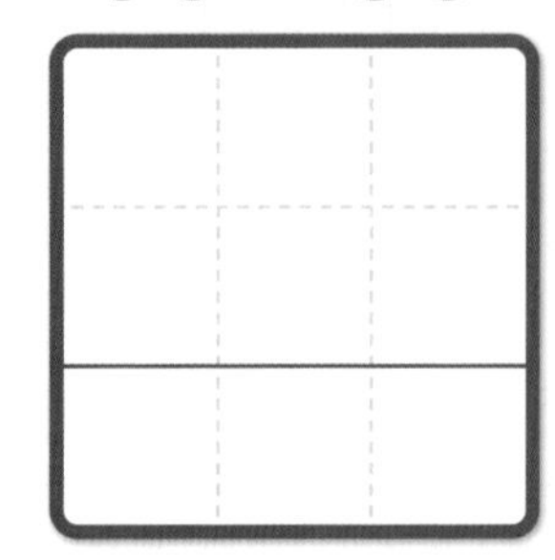

④ 42＋6

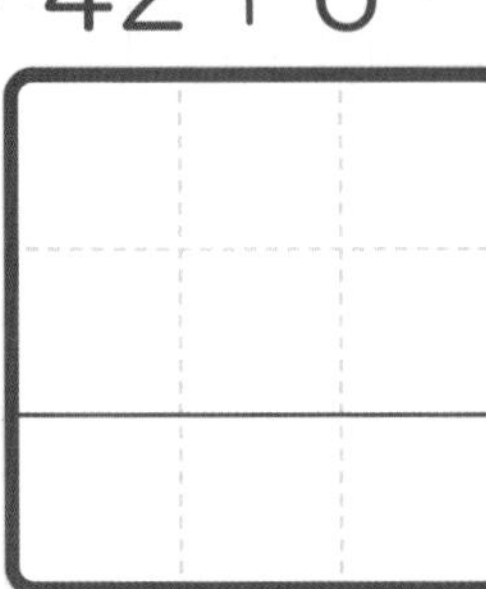

⑤ 4＋63

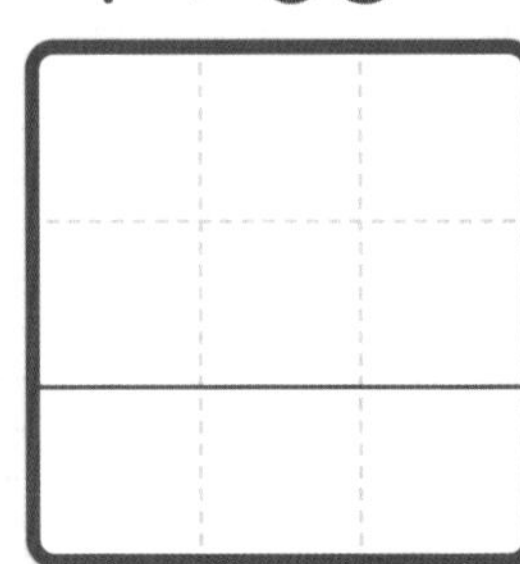

⑥ 70＋9

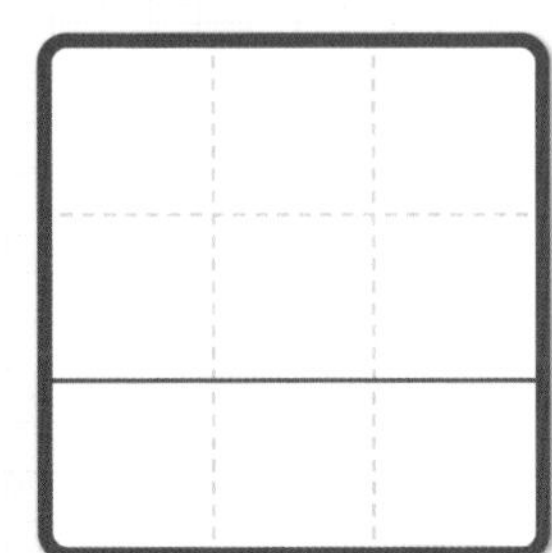

ひっ算は，くらいを　たてに
そろえて　書(か)こうね♪

ポニーテールを　する　ときは，大きめの　くしを
つかって，ていねいに　まとめよう♪

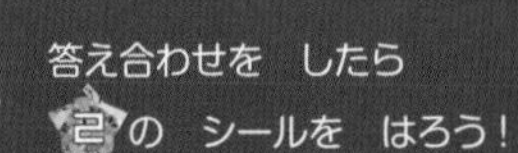

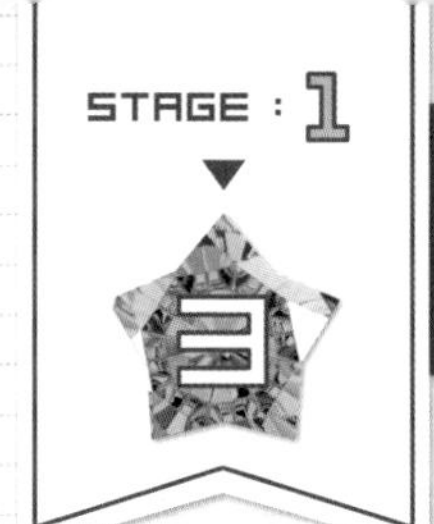

たし算の　ひっ算②

月　　日

答え 81ページ

1 計算を　しましょう。

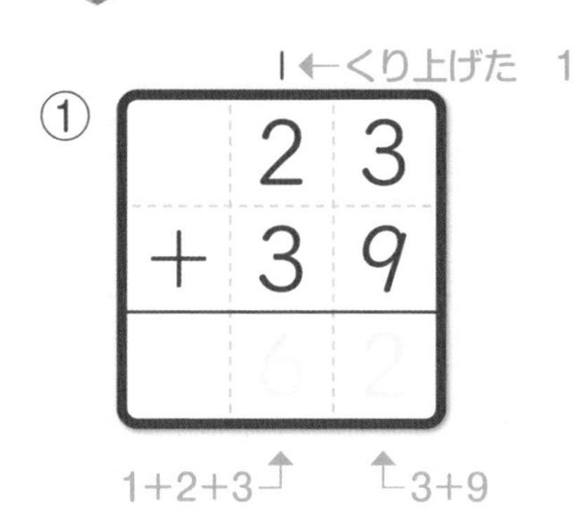

② 15 ＋ 26

③ 36 ＋ 28

④ 37 ＋ 48

⑤ 19 ＋ 31

⑥ 44 ＋ 46

⑦ 45 ＋ 38

⑧ 64 ＋ 8

⑨ 6 ＋ 49

⑩ 27 ＋ 7

2 計算を　しましょう。

① $\begin{array}{r} 18 \\ +43 \\ \hline \end{array}$

② $\begin{array}{r} 15 \\ +68 \\ \hline \end{array}$

③ $\begin{array}{r} 25 \\ +25 \\ \hline \end{array}$

④ $\begin{array}{r} 67 \\ +26 \\ \hline \end{array}$

⑤ $\begin{array}{r} 29 \\ +\ \ 9 \\ \hline \end{array}$

⑥ $\begin{array}{r} 7 \\ +53 \\ \hline \end{array}$

3 ひっ算で　しましょう。

① 14＋49

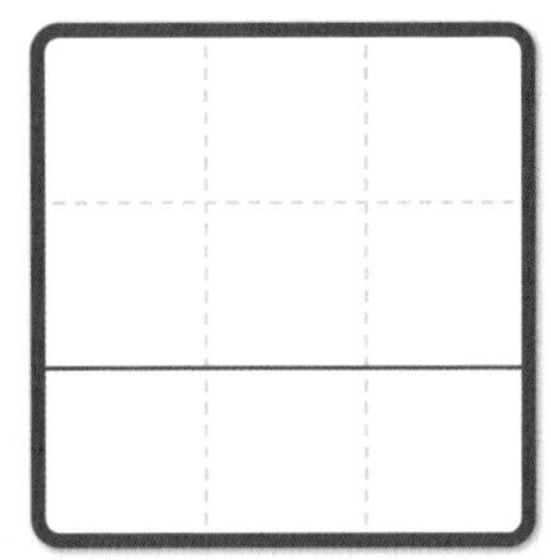

② 36＋34

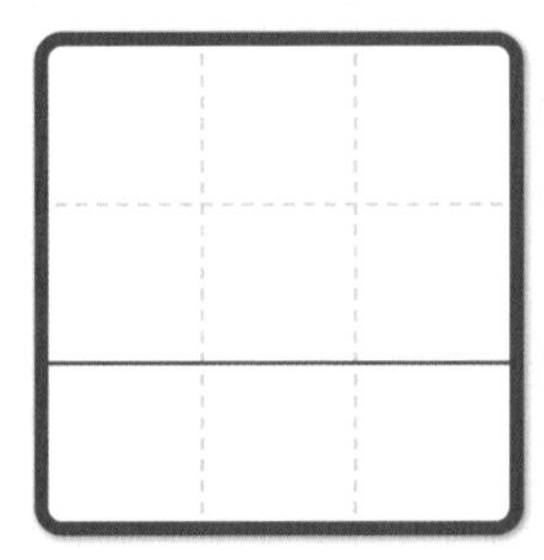

③ 64＋18

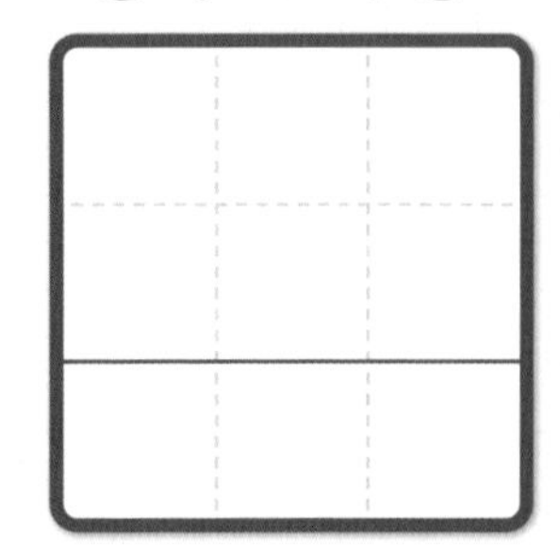

④ 45＋9

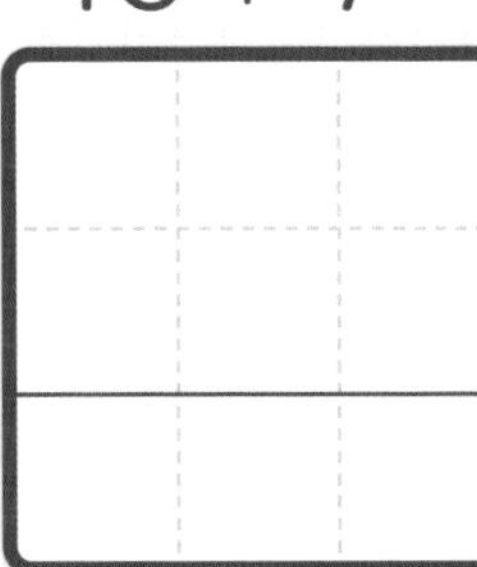

⑤ 8＋32

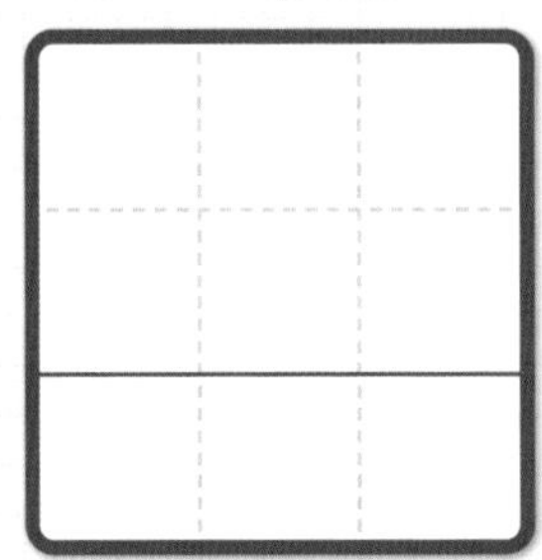

⑥ 78＋8

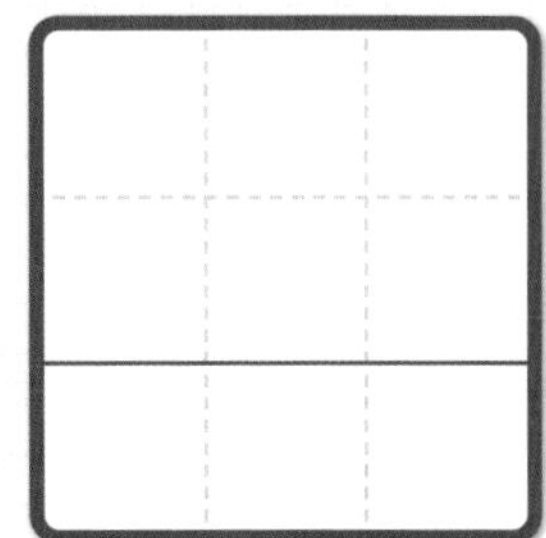

くり上がりの　ある　ひっ算が　できたね。

えりや　そでが　ない　ふくの　ことを，
ノースリーブ，または　タンクトップと　いうよ。

答え合わせを　したら
3の　シールを　はろう！

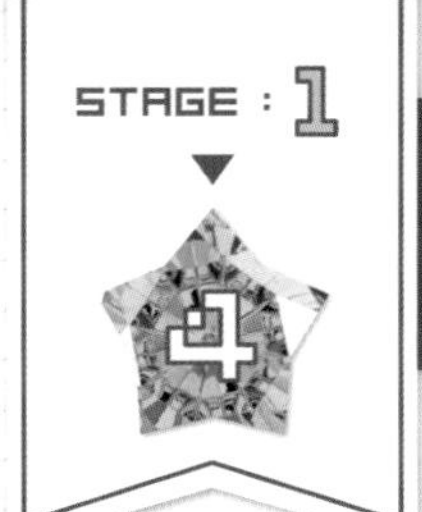

たし算の　ひっ算の れんしゅう

答え 81ページ

①

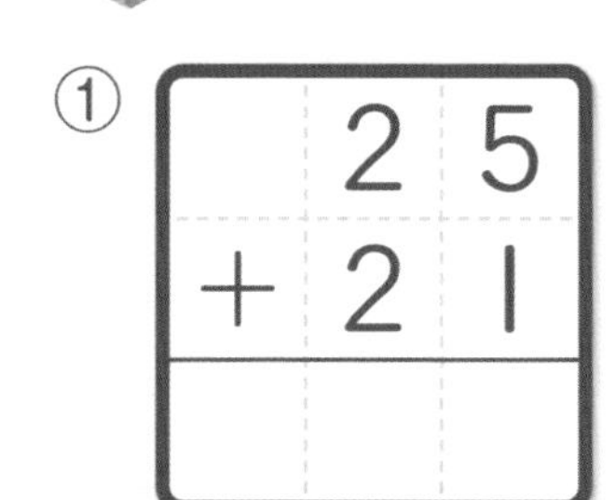

② 14 ＋80

③ 27 ＋17

④ 4 ＋56

2 ひっ算で　しましょう。

① 17＋22

② 43＋3

くらいを　きちんと
そろえて　書(か)こうね。

③ 47＋16

④ 21＋49

⑤ 6＋68

3 キララさんの　ヘアピンは　21 こ，
ピーチさんの　ヘアピンは　28 こです。
ヘアピンは　ぜんぶで　何(なん)こ
ありますか。

（しき）

答(こた)え　□ こ

〈ひっ算(さん)〉

4 本を　34 さつ　よみました。
あと　6 さつ　よむと，ぜんぶで
何さつ　よんだ　ことに　なりますか。

（しき）

答え　□ さつ

〈ひっ算〉

5 きのう　カップケーキを　19 こ　作(つく)りました。今日(きょう)は，
16 こ　作りました。カップケーキを　ぜんぶで　何こ
作りましたか。

（しき）

答え　□ こ

〈ひっ算〉

おしゃれの まめちしき

はだや　下に　きて　いる　ふくが　すけて　見える
ふくの　ことを，シースルーと　いうよ。

答え合わせを　したら
4 の　シールを　はろう！

ひき算の　ひっ算①

月　　日

答え 82 ページ

1 計算を　しましょう。

①
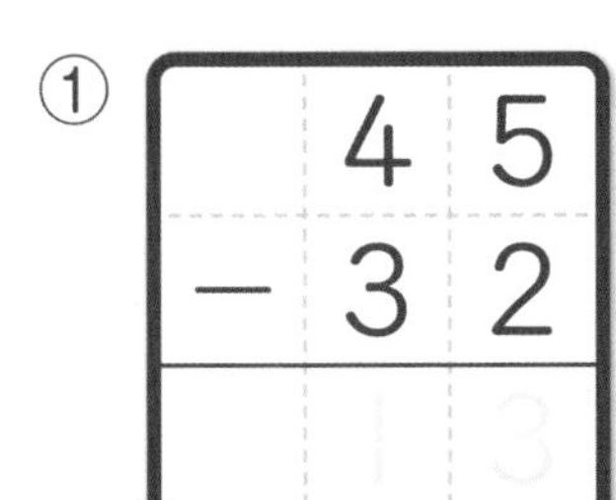

十のくらい 4−3　　一のくらい 5−2

ひき算の　ひっ算も
一のくらいから
じゅんに
計算するよ！

② 37 − 11

③ 46 − 23

④ 28 − 16

⑤ 53 − 40

⑥ 68 − 62

⑦ 91 − 51

⑧ 65 − 5

⑨ 76 − 4

⑩ 89 − 2

2 計算(けいさん)を　しましょう。

①
$$\begin{array}{r} 54 \\ -21 \\ \hline \end{array}$$

②
$$\begin{array}{r} 76 \\ -12 \\ \hline \end{array}$$

③
$$\begin{array}{r} 65 \\ -61 \\ \hline \end{array}$$

④
$$\begin{array}{r} 39 \\ -19 \\ \hline \end{array}$$

⑤
$$\begin{array}{r} 57 \\ -\ \ 4 \\ \hline \end{array}$$

⑥
$$\begin{array}{r} 88 \\ -\ \ 6 \\ \hline \end{array}$$

3 ひっ算で　しましょう。

① 47－32

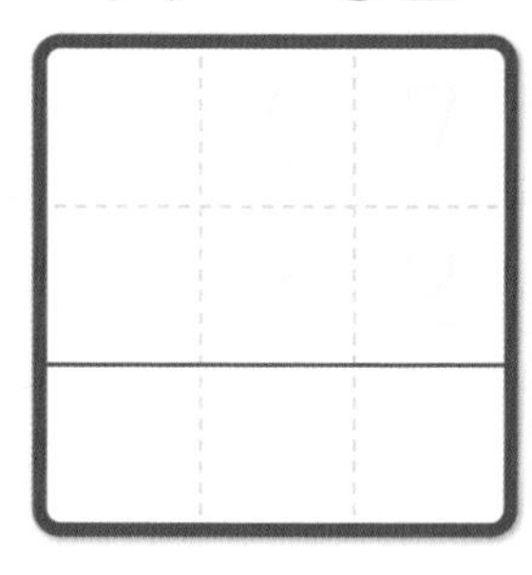

② 97－60

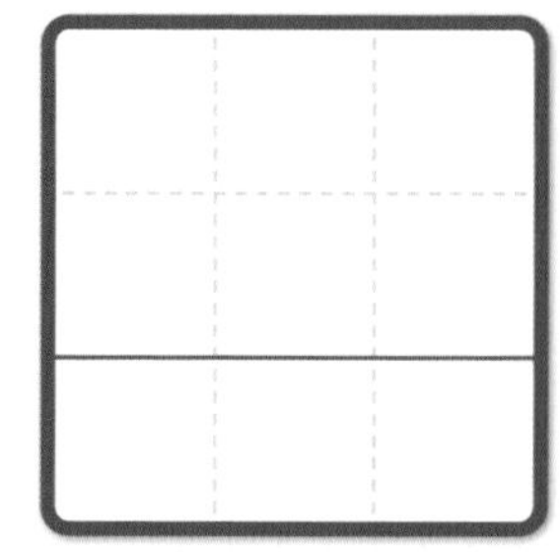

③ 89－83

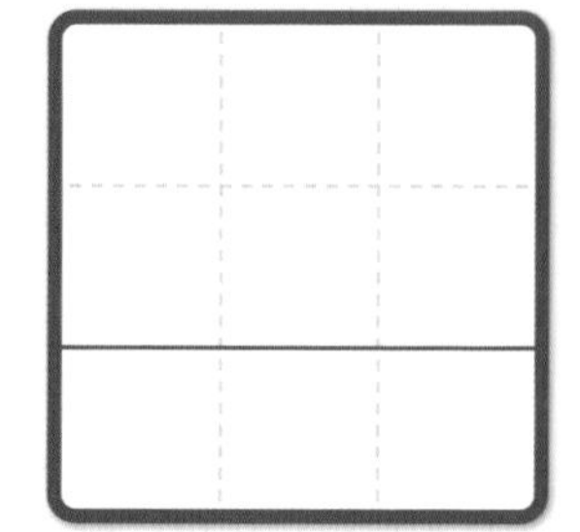

④ 68－5

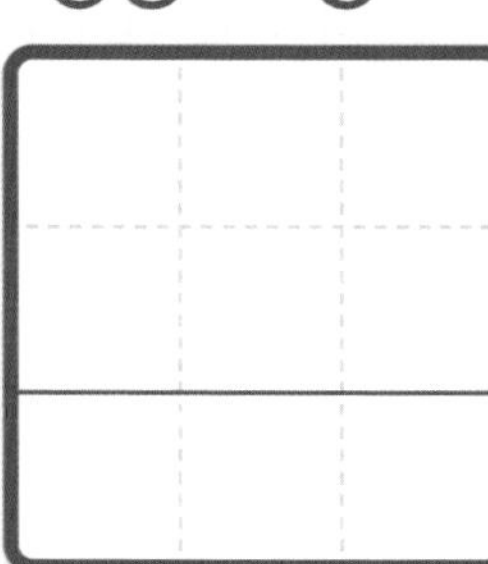

⑤ 37－3

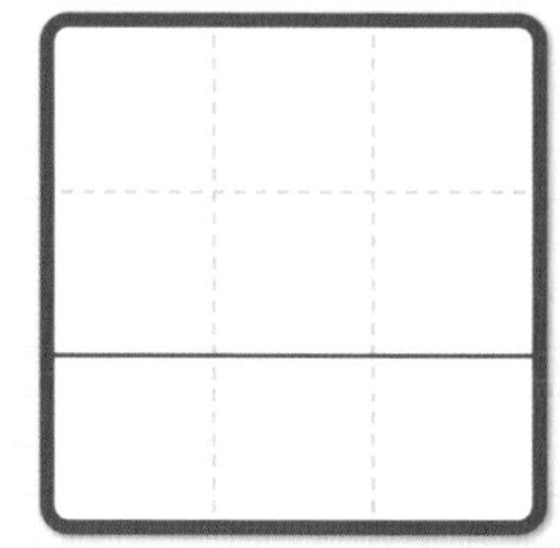

⑥ 74－4

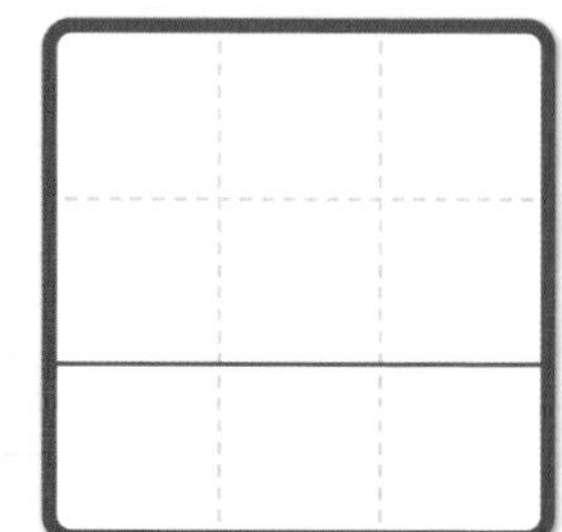

ひき算の　ひっ算が　できたね。

太(ふと)ももに　大きい　ポケットが　ついた　パンツを，カーゴパンツと　いうよ。

答え合わせを　したら
5の　シールを　はろう！

ひき算の　ひっ算②

月　　日

答え　82ページ

1 計算を　しましょう。

4←くり下げた　あとの　数

①
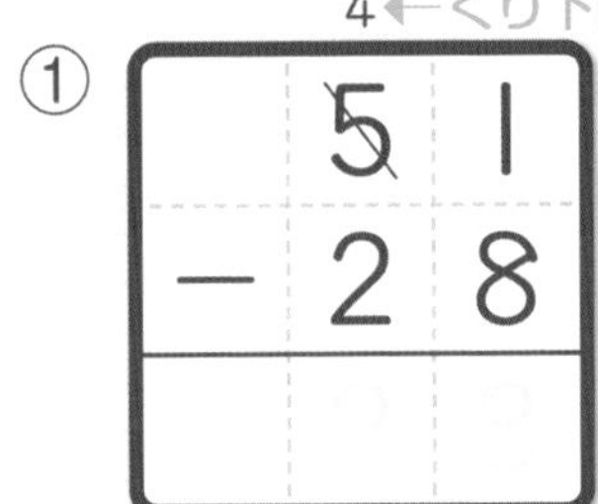

4−2↑　↑1　くり下げて
11−8

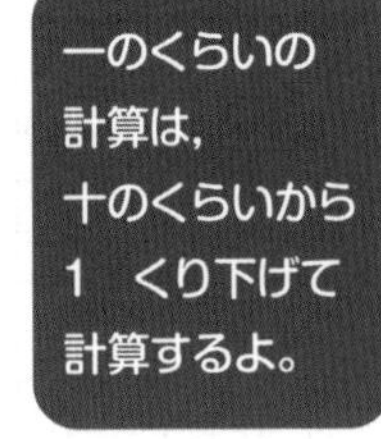

②
$$\begin{array}{r} 42 \\ -\ 29 \\ \hline \end{array}$$

③
$$\begin{array}{r} 62 \\ -\ 27 \\ \hline \end{array}$$

④
$$\begin{array}{r} 34 \\ -\ 16 \\ \hline \end{array}$$

⑤
$$\begin{array}{r} 40 \\ -\ 18 \\ \hline \end{array}$$

⑥
$$\begin{array}{r} 67 \\ -\ 59 \\ \hline \end{array}$$

⑦
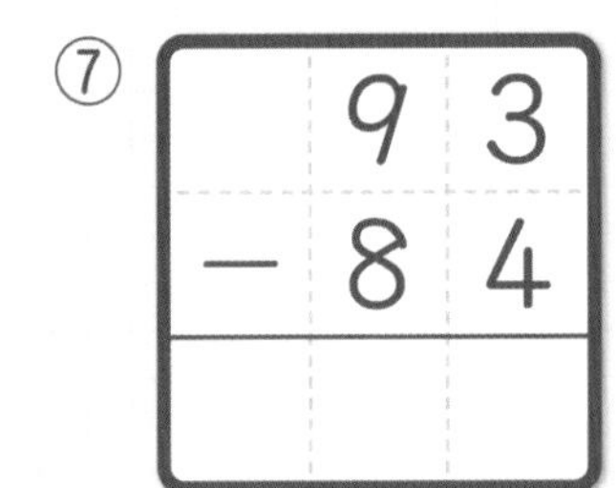
$$\begin{array}{r} 93 \\ -\ 84 \\ \hline \end{array}$$

⑧
$$\begin{array}{r} 45 \\ -\ 8 \\ \hline \end{array}$$

⑨
$$\begin{array}{r} 80 \\ -\ 7 \\ \hline \end{array}$$

⑩
$$\begin{array}{r} 70 \\ -\ 2 \\ \hline \end{array}$$

2 計算(けいさん)を　しましょう。

① $\begin{array}{r} 41 \\ -15 \\ \hline \end{array}$

② $\begin{array}{r} 50 \\ -33 \\ \hline \end{array}$

③ $\begin{array}{r} 83 \\ -25 \\ \hline \end{array}$

④ $\begin{array}{r} 70 \\ -64 \\ \hline \end{array}$

⑤ $\begin{array}{r} 54 \\ -9 \\ \hline \end{array}$

⑥ $\begin{array}{r} 90 \\ -1 \\ \hline \end{array}$

3 ひっ算で　しましょう。

① 60－25

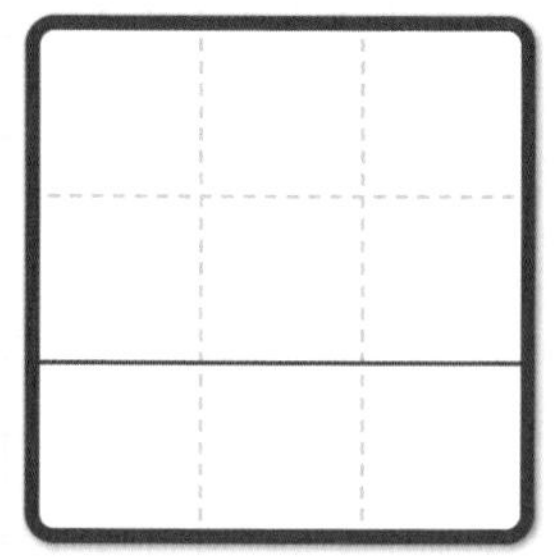

② 85－36

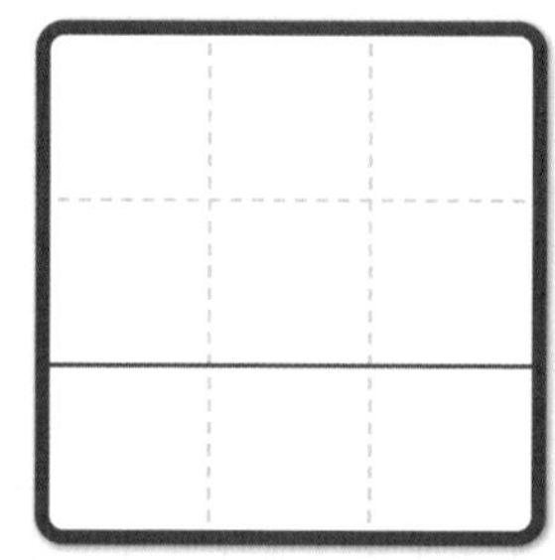

③ 64－58

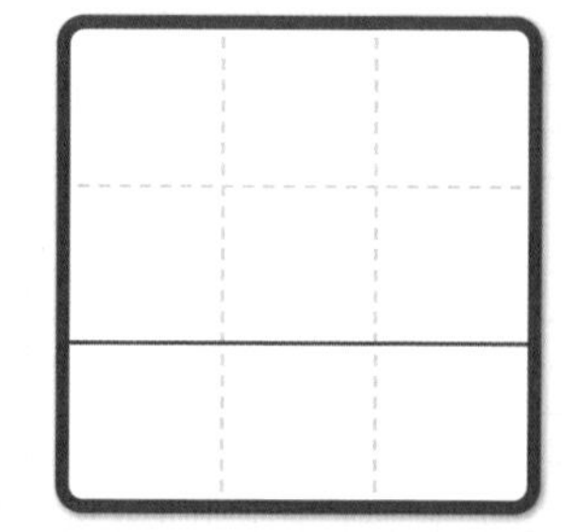

④ 83－7

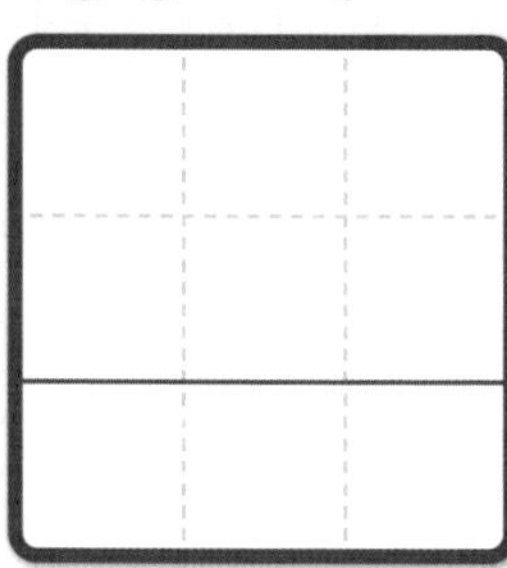

⑤ 71－8

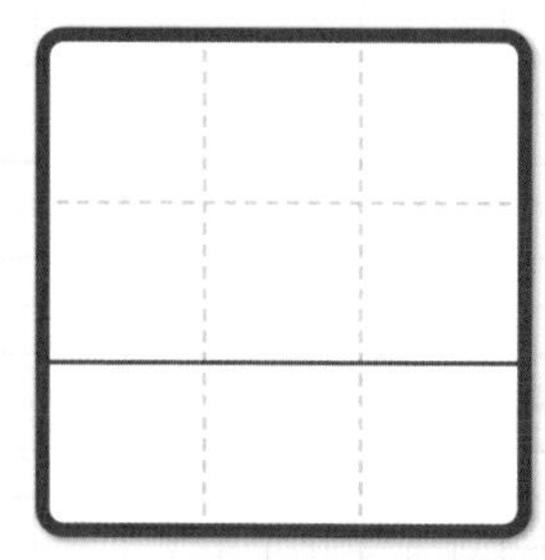

⑥ 50－6

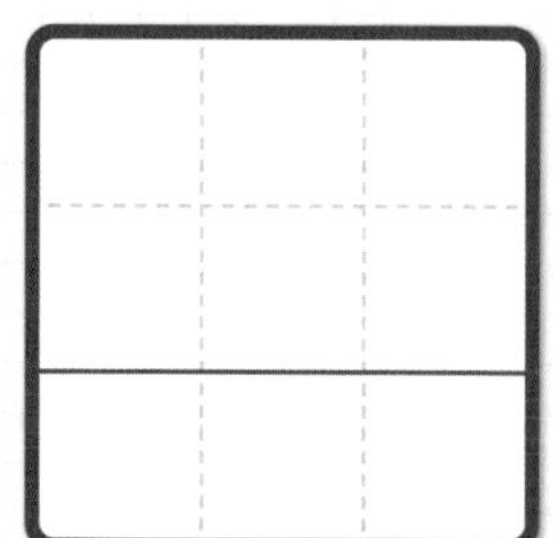

くり下がりの　ある　ひき算が　できたね。

カラフルな　コーデに　ちょうせん　したい　子は，
バッグや　くつを　目立つ　色に　して　みよう★

答え合わせを　したら
6の　シールを　はろう！

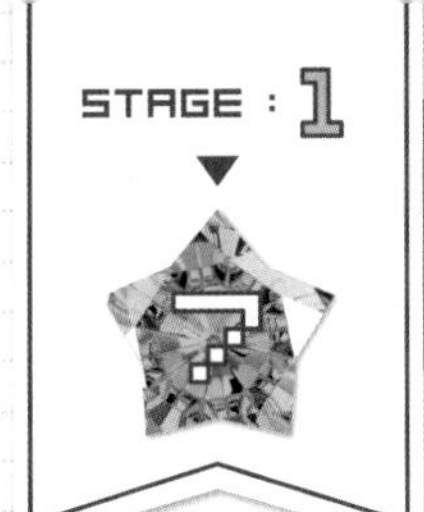

ひき算の　ひっ算の　れんしゅう

答え 82 ページ

1 計算を　しましょう。

①
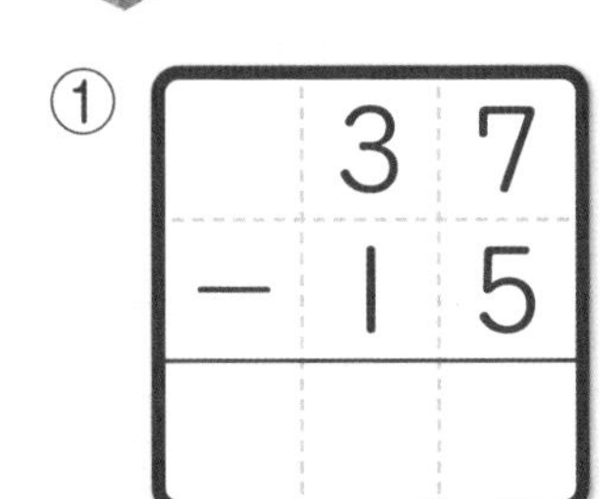

②
71
−20

③
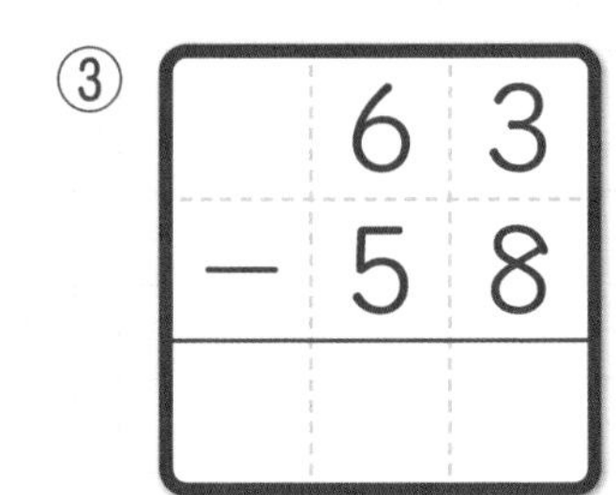

④
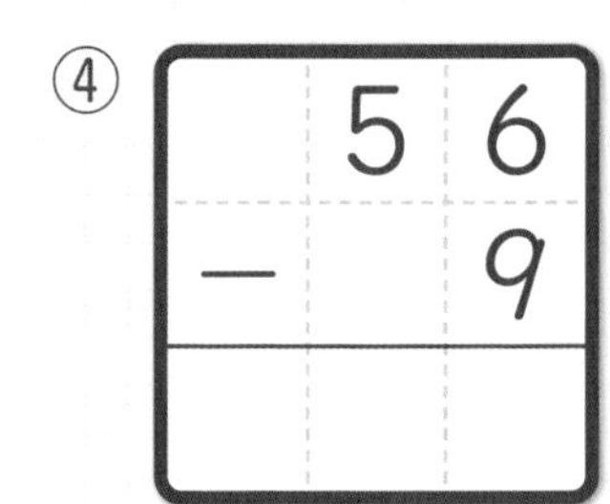

2 ひっ算で　しましょう。

① 67−14

② 73−3

③ 84−25　④ 91−86　⑤ 60−4

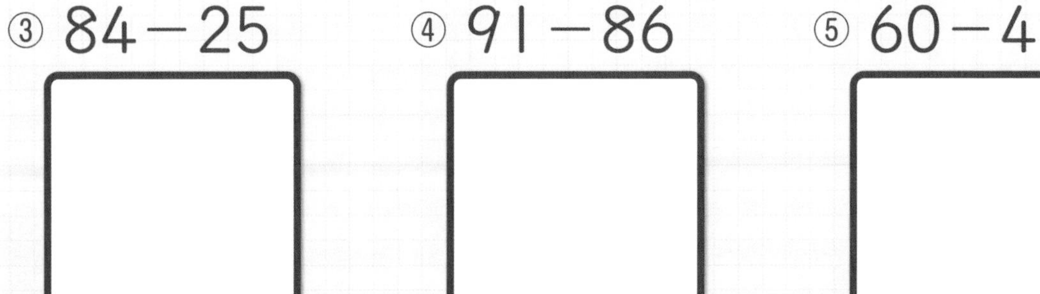

3 お店で　バッグを　46 こ　売って います。30 こ　売れると，のこりは 何こに　なりますか。

(しき)

答え　　こ

〈ひっ算〉

4 お店に　赤色の　リップが　66 本，ピンク色の　リップが　57 本 あります。赤色の　リップの ほうが　何本　多いですか。

(しき)

答え　　本

〈ひっ算〉

5 シールが　40 まい　あります。14 まい　つかいました。のこりは　何まいに　なりましたか。

(しき)

答え　　まい

〈ひっ算〉

おしゃれの まめちしき

おでこが　すけて　みえる　前がみの　ことを，シースルーバングと　いうよ。

答え合わせを　したら　★の　シールを　はろう！

たし算と　ひき算の　ひっ算の　れんしゅう①

月　　日

答え 82 ページ

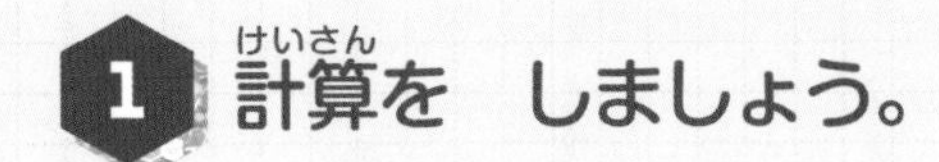

1 計算(けいさん)を　しましょう。

① $15 + 32$

② $26 + 34$

③ $24 + 58$

④ $60 + 29$

⑤ $43 + 34$

⑥ $68 + 18$

⑦ $63 + 7$

⑧ $6 + 87$

⑨ $35 - 12$

⑩ $44 - 16$

⑪ $89 - 60$

⑫ $81 - 17$

⑬ $72 - 65$

⑭ $95 - 89$

⑮ $48 - 8$

⑯ $91 - 4$

2 ひっ算(さん)で　しましょう。

① 16＋83　② 28＋45　③ 69＋7

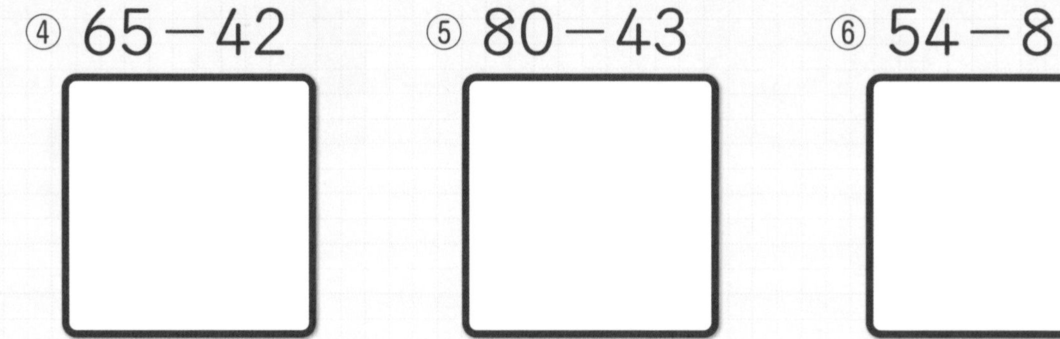

④ 65－42　⑤ 80－43　⑥ 54－8

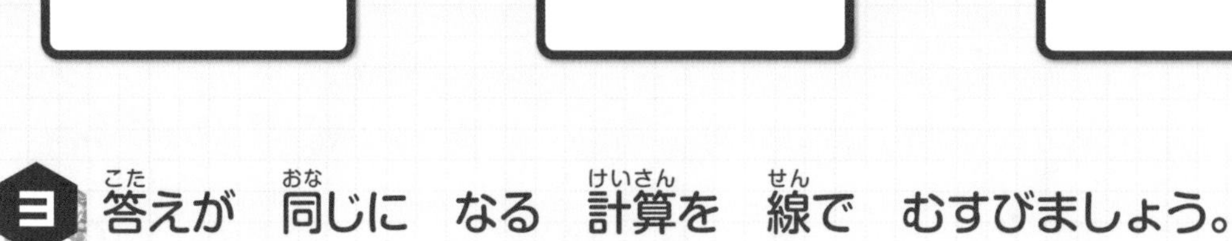

3 答(こた)えが　同(おな)じに　なる　計算(けいさん)を　線(せん)で　むすびましょう。

①
$$\begin{array}{r} 18 \\ +47 \\ \hline \end{array}$$

②
$$\begin{array}{r} 24 \\ +32 \\ \hline \end{array}$$

③
$$\begin{array}{r} 25 \\ +29 \\ \hline \end{array}$$

㋐
$$\begin{array}{r} 73 \\ -17 \\ \hline \end{array}$$

㋑
$$\begin{array}{r} 90 \\ -36 \\ \hline \end{array}$$

㋒
$$\begin{array}{r} 89 \\ -24 \\ \hline \end{array}$$

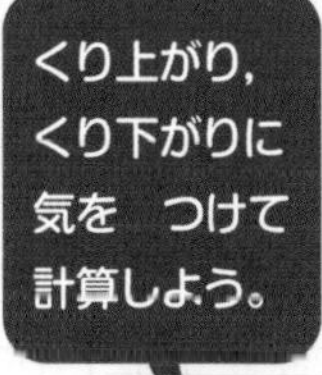

パンプスとは，つま先や　かかとが　おおわれて，
こうの　ぶぶんが　あいて　いる　くつの　こと。

答え合わせを　したら
日の　シールを　はろう！

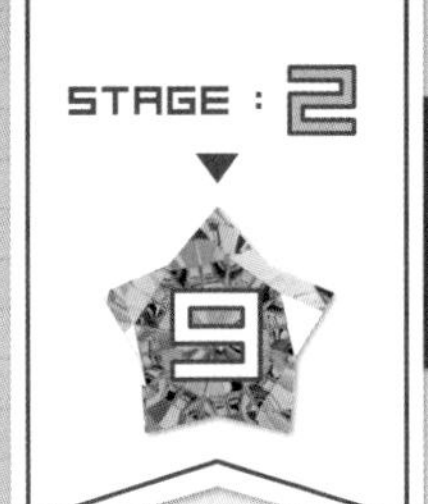

何十の　たし算と　ひき算

月　　日

答え 83 ページ

1 計算を　しましょう。

① 50＋60＝□

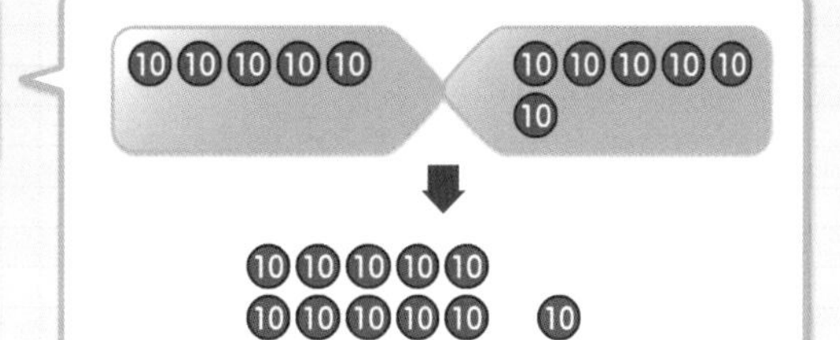

10の　まとまりが，
5+6=11で，11こ。

② 90＋30＝□

③ 70＋80＝□

④ 110－90＝□

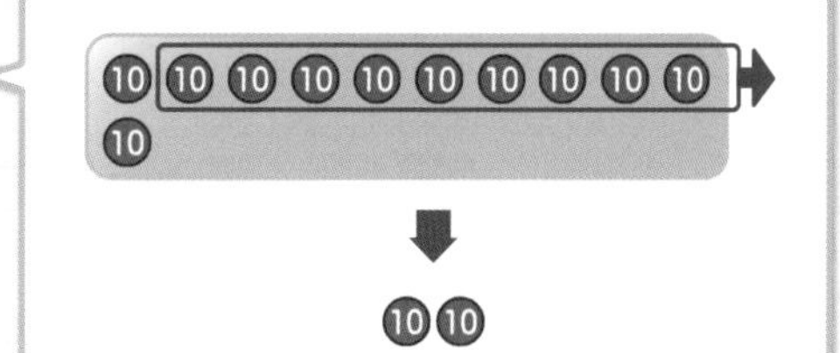

10の　まとまりが，
11−9=2で，2こ。

⑤ 120－70＝□

⑥ 150－60＝□

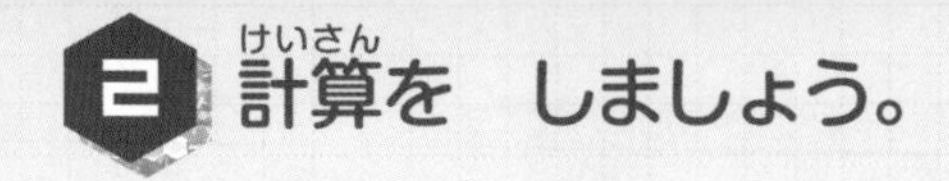

2 計算を　しましょう。

① 30 ＋ 80

② 90 ＋ 40

③ 50 ＋ 90　　④ 80 ＋ 50

⑤ 60 ＋ 70　　⑥ 130 − 80

⑦ 110 − 30　　⑧ 140 − 50

⑨ 120 − 40　　⑩ 170 − 90

3 答えが　140と　80に　なる　計算を　見つけて，◯で　かこみましょう。

㋐ 40＋80　　㋑ 70＋70　　㋒ 90＋60

㋓ 130−40　　㋔ 140−60　　㋕ 160−90

かみの毛の　毛先に　ウェーブを　つけると，かわいらしくて　おじょうひんな　いんしょうに　なるよ♡

答え合わせを　したら　㉚の　シールを　はろう！

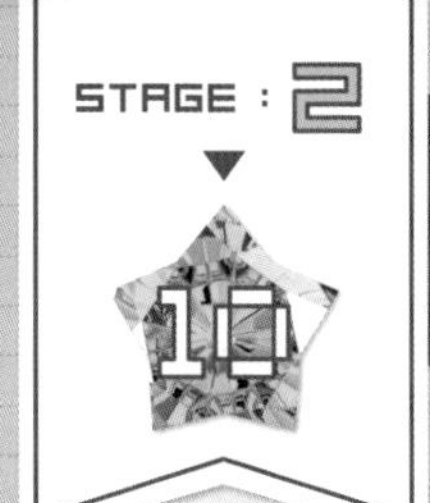

何百の　たし算と　ひき算

月　　日

答え 83 ページ

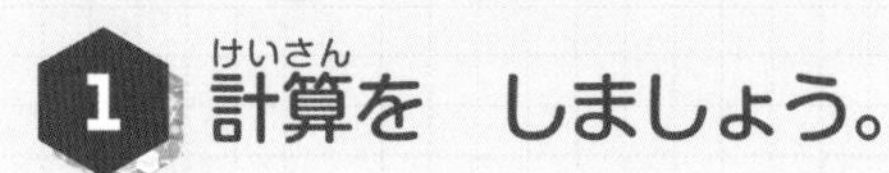

1 計算(けいさん)を　しましょう。

① 200 + 300 = 

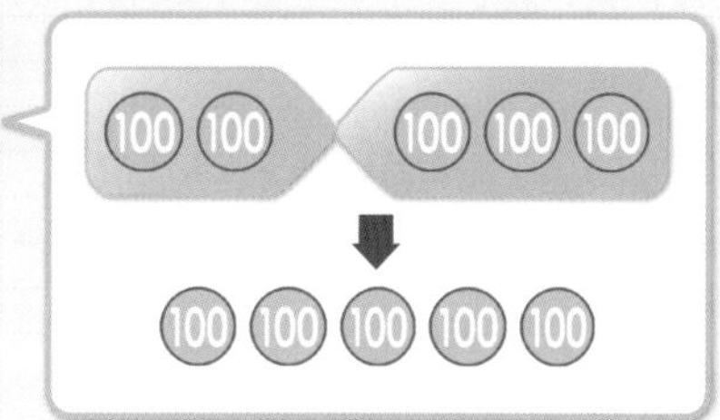

100の　まとまりが，
2+3=5で，5こ。

② 100 + 700 = ☐ ←100の　まとまりが，1+7

③ 400 + 600 = ☐ ←100の　まとまりが，4+6

④ 600 − 100 = ☐

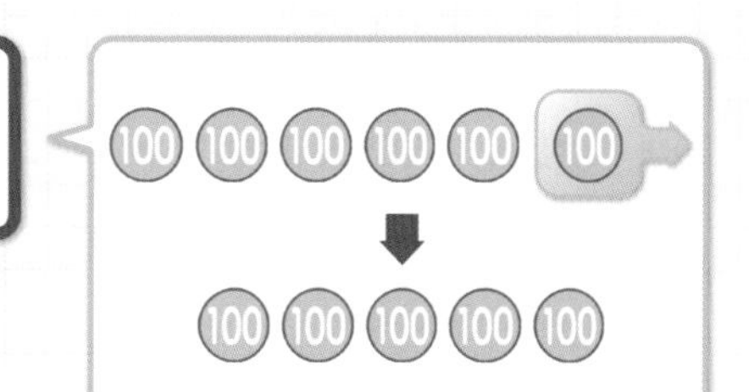

100の　まとまりが，
6−1=5で，5こ。

⑤ 700 − 500 = ☐ ←100の　まとまりが，7−5

⑥ 1000 − 100 = ☐ ←100の　まとまりが，10−1

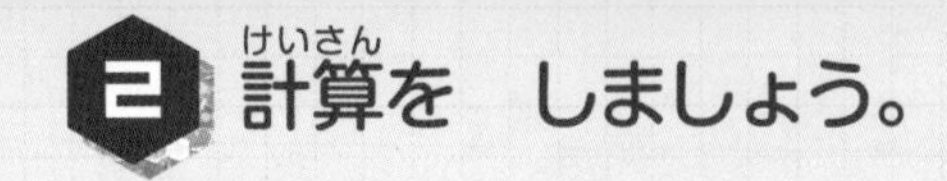

2 計算(けいさん)を　しましょう。

① 200 ＋ 200

② 400 ＋ 300

③ 200 ＋ 600

④ 800 ＋ 200

⑤ 500 ＋ 300

⑥ 500 − 300

⑦ 700 − 200

⑧ 600 − 300

⑨ 800 − 400

⑩ 1000 − 700

3 答(こた)えが　600に　なる　計算を　2つ　見つけて，
◯で　かこみましょう。

㋐ 500＋200

㋑ 100＋400

㋒ 300＋300

㋓ 800−100

㋔ 900−300

㋕ 600−400

トップスの　そでに　チュールが　ついて　いると，
一気に　ガーリーな　いんしょうに　なるよ！

答え合わせを　したら
10の　シールを　はろう！

何十，何百の　計算の れんしゅう

答え 83 ページ

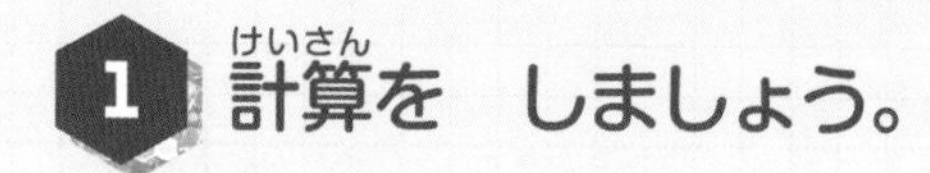

1 計算(けいさん)を　しましょう。

10や　100の まとまりの　数(かず)を 考(かんが)えて， 計算しよう。

① 60 ＋ 50

② 70 ＋ 60

③ 80 ＋ 80

④ 90 ＋ 50

⑤ 140 － 80

⑥ 160 － 70

⑦ 110 － 20

⑧ 130 － 90

⑨ 100 ＋ 500

⑩ 400 ＋ 400

⑪ 500 ＋ 500

⑫ 900 ＋ 100

⑬ 600 － 200

⑭ 900 － 700

⑮ 800 － 500

⑯ 1000 － 300

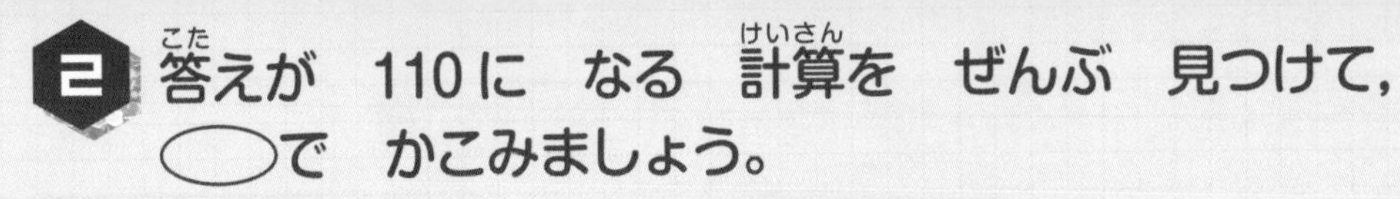

2 答えが　110に　なる　計算を　ぜんぶ　見つけて，
⬭で　かこみましょう。

㋐ 30＋80	㋑ 90＋90	㋒ 70＋40
㋓ 60＋60	㋔ 50＋70	㋕ 20＋90

3 答えが　80に　なる　計算を　ぜんぶ　見つけて，
⬭で　かこみましょう。

㋐ 120－60	㋑ 150－70	㋒ 110－40
㋓ 160－80	㋔ 130－50	㋕ 140－70

4 答えが　同じに　なる　計算を　線で　むすびましょう。

① 200＋500	② 300＋200	③ 500＋100
●	●	●
●	●	●
㋐ 900－200	㋑ 700－100	㋒ 800－300

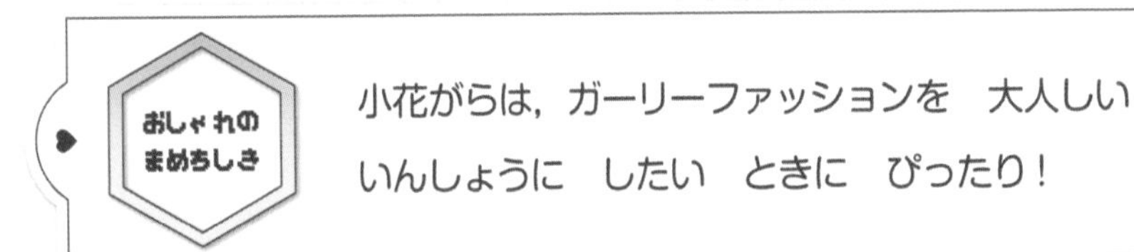

小花がらは，ガーリーファッションを　大人しい　いんしょうに　したい　ときに　ぴったり！

答え合わせを　したら　11の　シールを　はろう！

3つの　数の　たし算

月　　日

答え 83 ページ

1 14+9+1の　計算(けいさん)を　します。
□に　あてはまる　数(かず)を　書(か)きましょう。

❶ 左から　じゅんに　計算する。

14+9+1=□+1=□

❷ あとの　2つを　先(さき)に　計算する。
まとめて　たす　ときは　(　)を　つかう。

14+(9+1)=14+□=□

2 たす　じゅんじょを　考(かんが)えて，くふうして
計算します。□に　あてはまる　数を　書きましょう。

① 5+17+3=5+□=□

② 9+12+8=9+□=□

③ 15+13+5=15+5+13=□+13=□

13と　5を　入れかえる。

④ 24+7+16=□+7=□

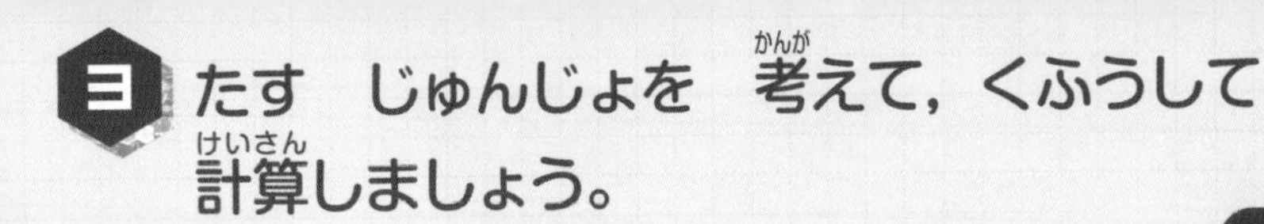

三 たす　じゅんじょを　考えて，くふうして 計算しましょう。

たして　何十に なれば， かんたんに 計算できるね。

① $6+(15+5)$

② $9+(13+7)$

③ $17+(4+6)$

④ $18+(3+27)$

⑤ $28+9+11$

⑥ $37+16+4$

⑦ $32+9+8$

⑧ $7+28+3$

⑨ $25+6+5$

⑩ $11+6+29$

⑪ $26+8+14$

⑫ $8+13+22$

小さい　サイズの　ポシェットは　ワンピースと ぴったり★　おじょうひんな　いんしょうに　なるよ。

答え合わせを　したら 12 の　シールを　はろう！

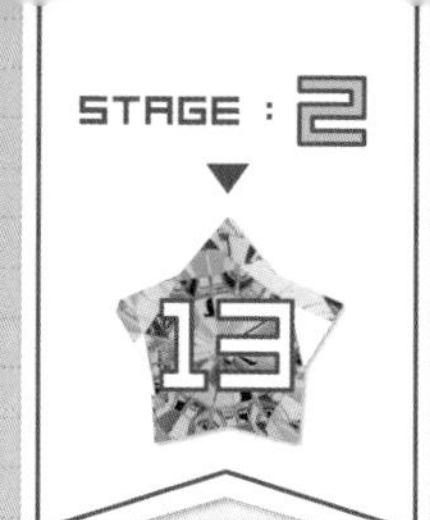

たし算の　ひっ算③

月　　日

答え 83 ページ

1 計算(けいさん)を　しましょう。

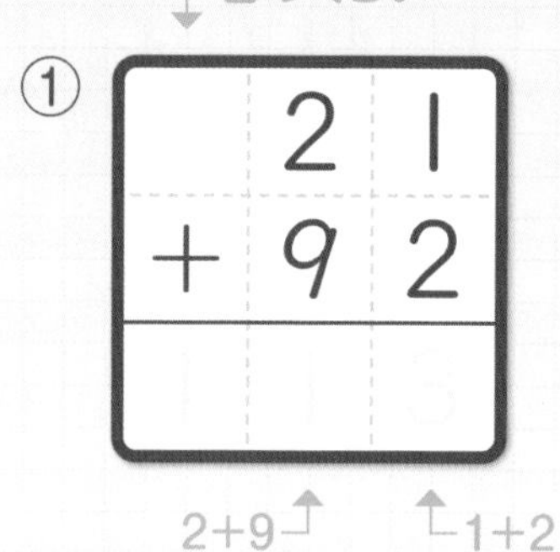

十のくらいで
くり上げた　1は
百のくらいに
書(か)くよ。

② $\begin{array}{r} 82 \\ +\ 42 \\ \hline \end{array}$

③ $\begin{array}{r} 93 \\ +\ 72 \\ \hline \end{array}$

④ $\begin{array}{r} 51 \\ +\ 56 \\ \hline \end{array}$

⑤ $\begin{array}{r} 54 \\ +\ 63 \\ \hline \end{array}$

⑥ $\begin{array}{r} 14 \\ +\ 92 \\ \hline \end{array}$

⑦ $\begin{array}{r} 86 \\ +\ 81 \\ \hline \end{array}$

⑧ $\begin{array}{r} 40 \\ +\ 78 \\ \hline \end{array}$

⑨ $\begin{array}{r} 53 \\ +\ 70 \\ \hline \end{array}$

⑩ $\begin{array}{r} 95 \\ +\ 44 \\ \hline \end{array}$

2 計算を　しましょう。

①
$$\begin{array}{r} 85 \\ +52 \\ \hline \end{array}$$

②
$$\begin{array}{r} 93 \\ +53 \\ \hline \end{array}$$

③
$$\begin{array}{r} 64 \\ +63 \\ \hline \end{array}$$

④
$$\begin{array}{r} 93 \\ +21 \\ \hline \end{array}$$

⑤
$$\begin{array}{r} 83 \\ +94 \\ \hline \end{array}$$

⑥
$$\begin{array}{r} 57 \\ +72 \\ \hline \end{array}$$

⑦
$$\begin{array}{r} 62 \\ +45 \\ \hline \end{array}$$

⑧
$$\begin{array}{r} 75 \\ +80 \\ \hline \end{array}$$

⑨
$$\begin{array}{r} 90 \\ +67 \\ \hline \end{array}$$

3 ひっ算で　しましょう。

① 94＋34

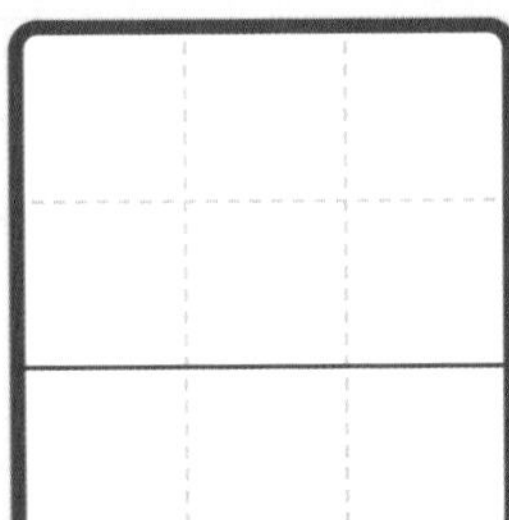

② 41＋82

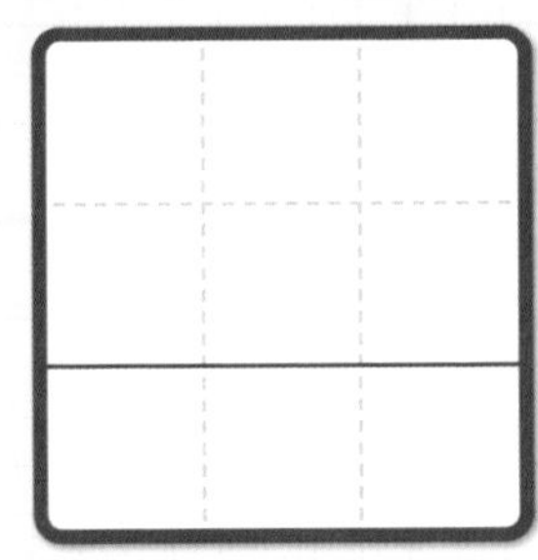

③ 73＋36

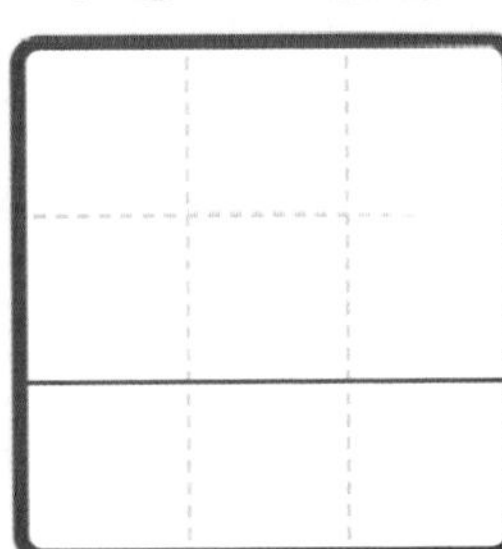

④ 60＋85

百のくらいに
くり上がる
たし算が　できたね。

ウエストの　いちで　ベルトを　しめると，
スタイルが　よく　みえる　こうかが　あるよ♪

答え合わせを　したら
13の　シールを　はろう！

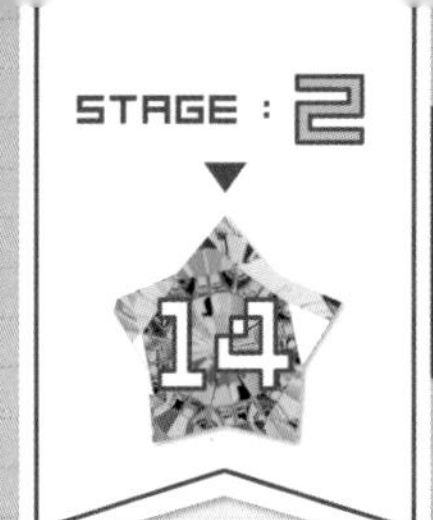

たし算の　ひっ算④

月　　日

答え 84 ページ

1 計算を　しましょう。

① 

② $59 + 65$

③ $74 + 79$

④ $46 + 68$

⑤ $87 + 16$

⑥ $51 + 49$

⑦ $35 + 68$

⑧ $95 + 7$

⑨ $6 + 94$

⑩ $93 + 8$

2 計算を　しましょう。

① $\begin{array}{r} 89 \\ +48 \\ \hline \end{array}$　② $\begin{array}{r} 26 \\ +96 \\ \hline \end{array}$　③ $\begin{array}{r} 65 \\ +76 \\ \hline \end{array}$

④ $\begin{array}{r} 38 \\ +82 \\ \hline \end{array}$　⑤ $\begin{array}{r} 54 \\ +48 \\ \hline \end{array}$　⑥ $\begin{array}{r} 78 \\ +26 \\ \hline \end{array}$

⑦ $\begin{array}{r} 9 \\ +92 \\ \hline \end{array}$　⑧ $\begin{array}{r} 91 \\ +\ 9 \\ \hline \end{array}$　⑨ $\begin{array}{r} 3 \\ +97 \\ \hline \end{array}$

3 ひっ算で　しましょう。

① 98＋43

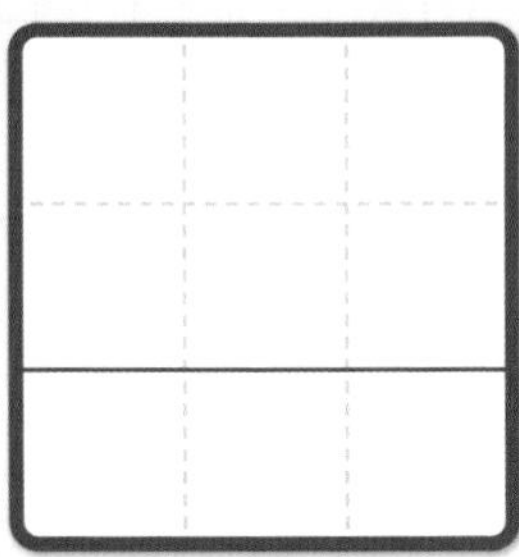

② 89＋57

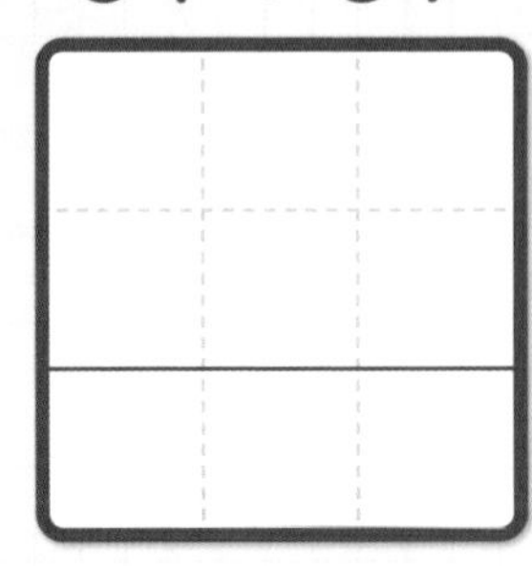

③ 97＋6

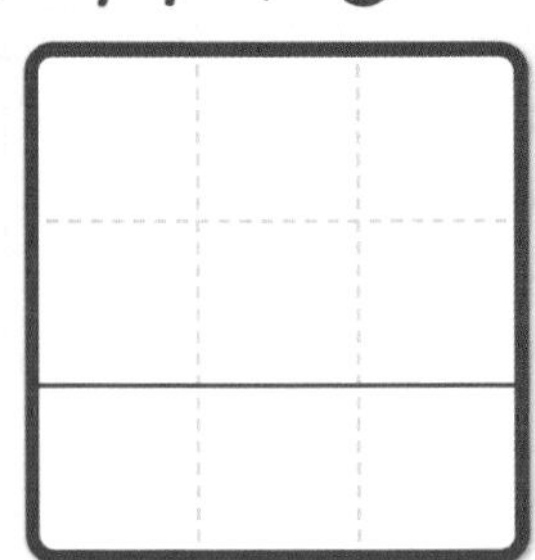

④ 4＋96

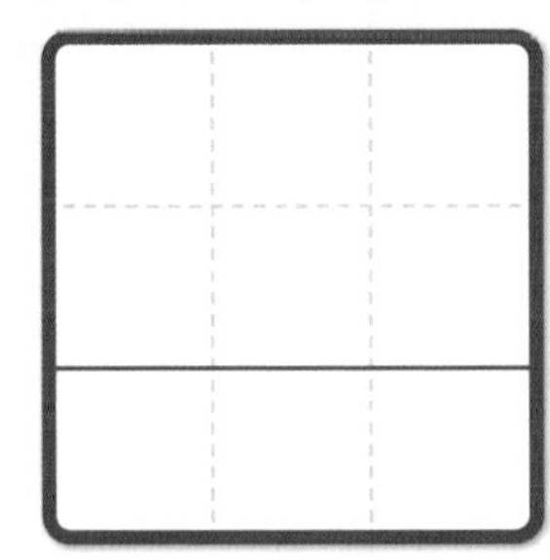

かみを　とめる　ピンには，いろいろな　形や　色の　ものが　あって，とめかたも　さまざまだよ。

答え合わせを　したら　14の　シールを　はろう！

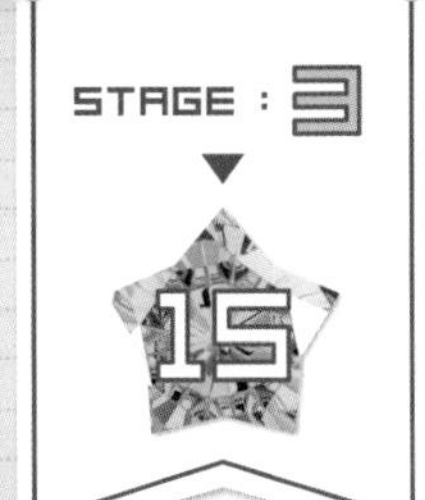

ひき算の　ひっ算③

月　　日

答え 84 ページ

1 計算(けいさん)を　しましょう。

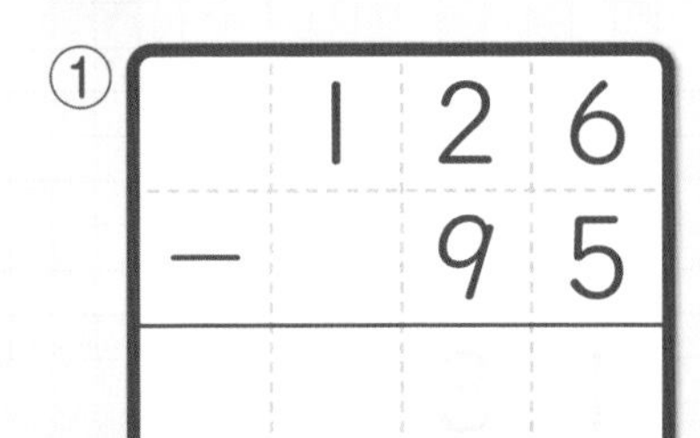

② 117 － 81

③ 135 － 83

④ 147 － 64

⑤ 155 － 90

⑥ 116 － 56

⑦ 178 － 86

⑧ 109 － 97

⑨ 101 － 50

⑩ 107 － 43

2 計算(けいさん)を　しましょう。

①
$$\begin{array}{r} 135 \\ -\ \ 92 \\ \hline \end{array}$$

②
$$\begin{array}{r} 118 \\ -\ \ 61 \\ \hline \end{array}$$

③
$$\begin{array}{r} 153 \\ -\ \ 73 \\ \hline \end{array}$$

④
$$\begin{array}{r} 134 \\ -\ \ 72 \\ \hline \end{array}$$

⑤
$$\begin{array}{r} 145 \\ -\ \ 94 \\ \hline \end{array}$$

⑥
$$\begin{array}{r} 126 \\ -\ \ 30 \\ \hline \end{array}$$

⑦
$$\begin{array}{r} 105 \\ -\ \ 63 \\ \hline \end{array}$$

⑧
$$\begin{array}{r} 109 \\ -\ \ 89 \\ \hline \end{array}$$

⑨
$$\begin{array}{r} 107 \\ -\ \ 25 \\ \hline \end{array}$$

3 ひっ算で　しましょう。

① 114−91

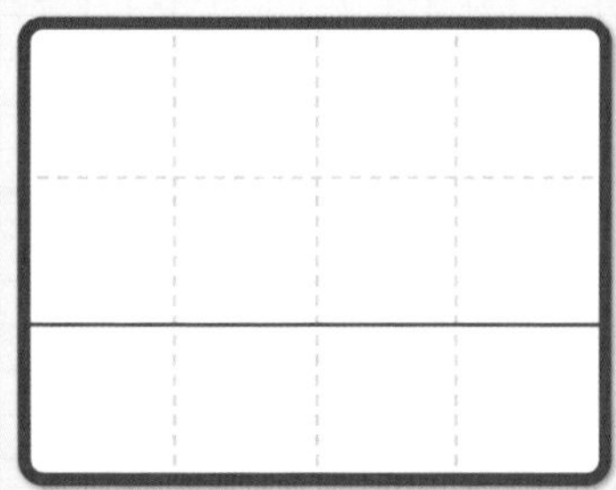

② 157−85

③ 132−70

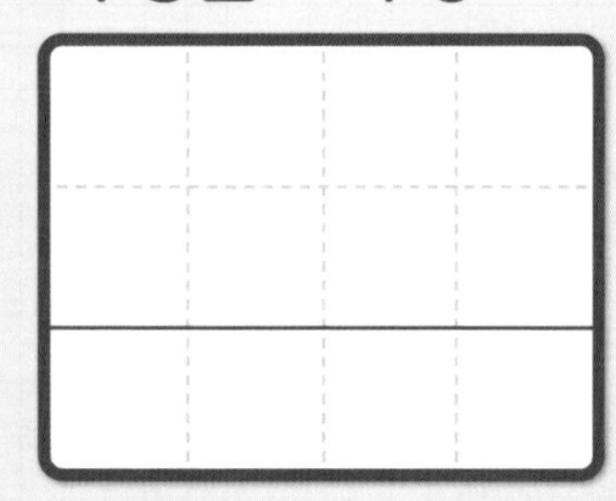

④ 103−92

くり下がりの
ある　ひき算が
できたね。

スポーティとは，うんどうも　できそうな，
うごきやすさ◎の　スタイルの　ことだよ。

答え合わせを　したら
15の　シールを　はろう！

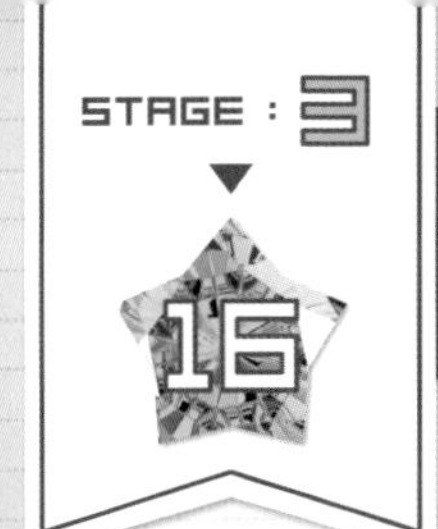

ひき算の　ひっ算④

月　　日

答え 84 ページ

1 計算(けいさん)を　しましょう。

5←くり下げた　あとの　数(かず)

①

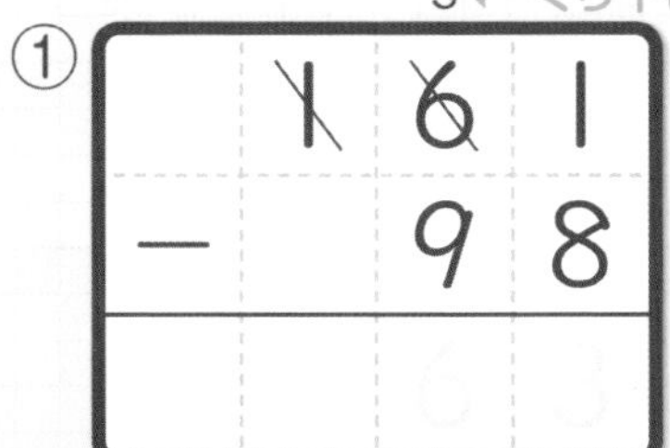

1　くり下げて　15−9

1　くり下げて　11−8

② $141 - 87$

③ $154 - 87$

④ $123 - 69$

⑤ $113 - 24$

⑥ $182 - 84$

⑦ $130 - 57$

⑧ $104 - 76$

⑨ $105 - 9$

⑩ $100 - 4$

2 計算(けいさん)を　しましょう。

① $\begin{array}{r} 125 \\ -\ \ 98 \\ \hline \end{array}$

② $\begin{array}{r} 134 \\ -\ \ 59 \\ \hline \end{array}$

③ $\begin{array}{r} 118 \\ -\ \ 69 \\ \hline \end{array}$

④ $\begin{array}{r} 110 \\ -\ \ 42 \\ \hline \end{array}$

⑤ $\begin{array}{r} 113 \\ -\ \ 16 \\ \hline \end{array}$

⑥ $\begin{array}{r} 160 \\ -\ \ 83 \\ \hline \end{array}$

⑦ $\begin{array}{r} 102 \\ -\ \ 95 \\ \hline \end{array}$

⑧ $\begin{array}{r} 107 \\ -\ \ 79 \\ \hline \end{array}$

⑨ $\begin{array}{r} 100 \\ -\ \ \ \ 6 \\ \hline \end{array}$

3 ひっ算で　しましょう。

① 136－88

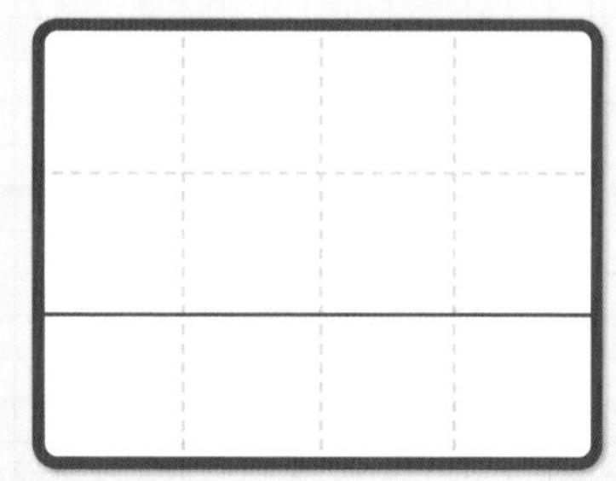

② 152－97

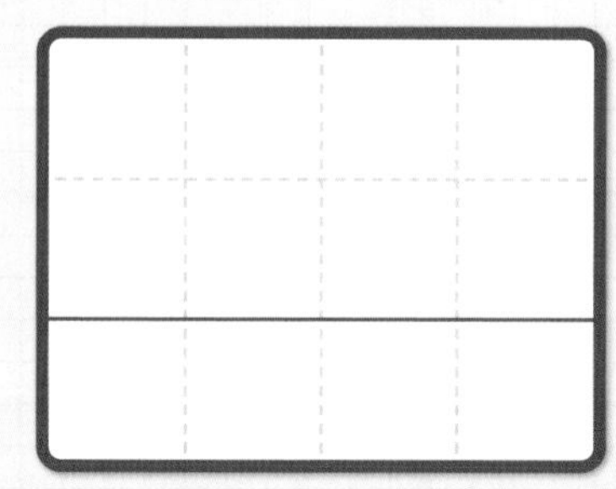

③ 133－36

④ 100－25

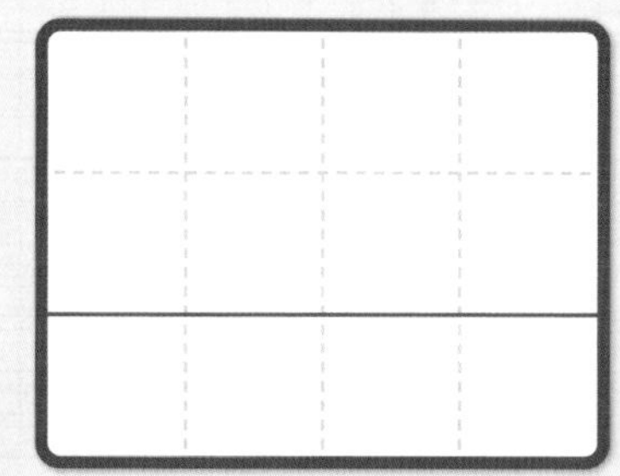

くり下がりが
2回(かい)　ある
ひき算が
できたね。

ゆるゆるの　くつ下を　ルーズソックスと　いうよ。
みじかい　スカートに　あわせるのが　ていばん♡

答え合わせを　したら
16の　シールを　はろう！

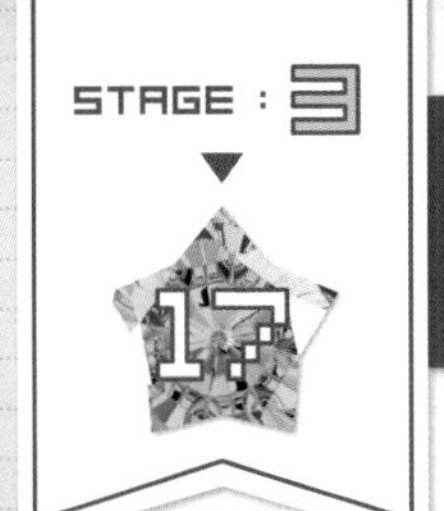

たし算と　ひき算の　ひっ算の　れんしゅう②

答え 84 ページ

1 計算(けいさん)を　しましょう。

たし算と　ひき算が
あるよ。
ちゅういしてね。

① $\begin{array}{r} 48 \\ +\ 71 \\ \hline \end{array}$

② $\begin{array}{r} 44 \\ +\ 63 \\ \hline \end{array}$

③ $\begin{array}{r} 37 \\ +\ 80 \\ \hline \end{array}$

④ $\begin{array}{r} 79 \\ +\ 53 \\ \hline \end{array}$

⑤ $\begin{array}{r} 81 \\ +\ 89 \\ \hline \end{array}$

⑥ $\begin{array}{r} 54 \\ +\ 47 \\ \hline \end{array}$

⑦ $\begin{array}{r} 98 \\ +\ 8 \\ \hline \end{array}$

⑧ $\begin{array}{r} 5 \\ +\ 95 \\ \hline \end{array}$

⑨ $\begin{array}{r} 124 \\ -\ 72 \\ \hline \end{array}$

⑩ $\begin{array}{r} 106 \\ -\ 36 \\ \hline \end{array}$

⑪ $\begin{array}{r} 131 \\ -\ 54 \\ \hline \end{array}$

⑫ $\begin{array}{r} 174 \\ -\ 75 \\ \hline \end{array}$

⑬ $\begin{array}{r} 110 \\ -\ 38 \\ \hline \end{array}$

⑭ $\begin{array}{r} 104 \\ -\ 57 \\ \hline \end{array}$

⑮ $\begin{array}{r} 102 \\ -\ 8 \\ \hline \end{array}$

⑯ $\begin{array}{r} 100 \\ -\ 31 \\ \hline \end{array}$

2 つぎの　計算が　正しければ　○を，まちがって いれば　正しい　答えを　(　)に　書きましょう。

①

$$\begin{array}{r} 18 \\ +95 \\ \hline 113 \end{array}$$

(　　　)

②

$$\begin{array}{r} 59 \\ +76 \\ \hline 125 \end{array}$$

(　　　)

③

$$\begin{array}{r} 100 \\ -37 \\ \hline 73 \end{array}$$

(　　　)

④

$$\begin{array}{r} 112 \\ -64 \\ \hline 48 \end{array}$$

(　　　)

くり上がり，
くり下がりに
ちゅういして
たしかめよう！

3 としょかんに　おしゃれの　本と りょうりの　本が　あわせて　108 さつ あります。その　うち，おしゃれの 本は　65 さつです。りょうりの　本は 何さつ　ありますか。

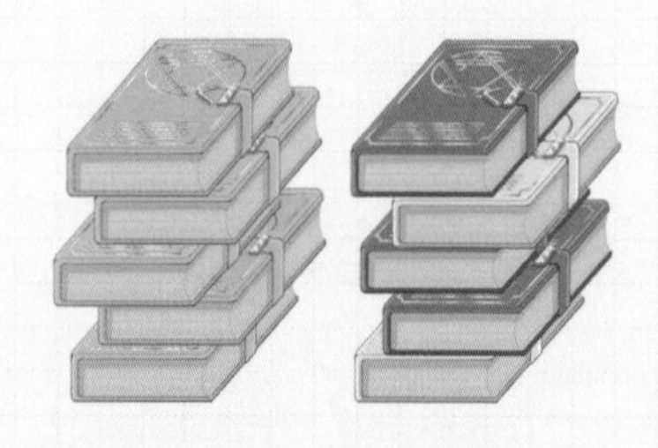

(しき)

答え 　　さつ

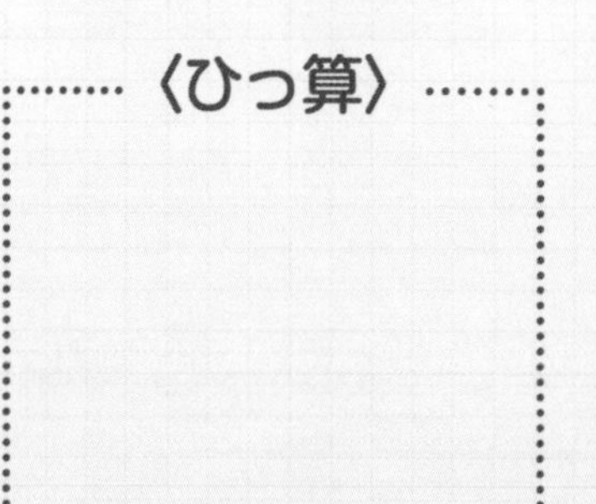

かみの毛の　毛先を　外に　はねるように　すると，一気に　元気な　いんしょうに　なるよ★

答え合わせを　したら 17 の　シールを　はろう！

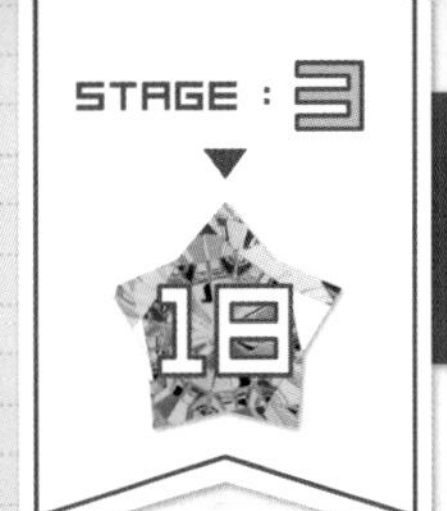

大きい　数の　ひっ算

1 計算を　しましょう。

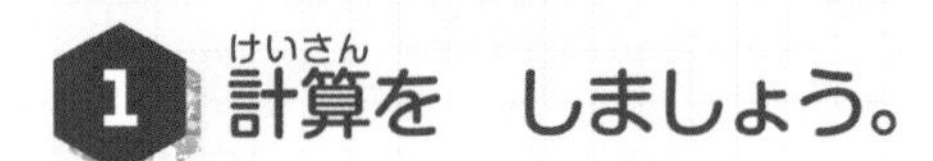

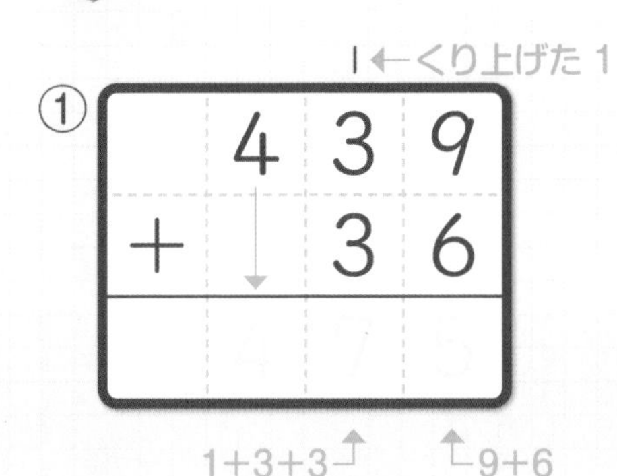

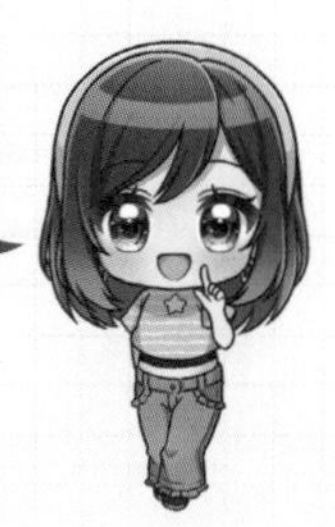

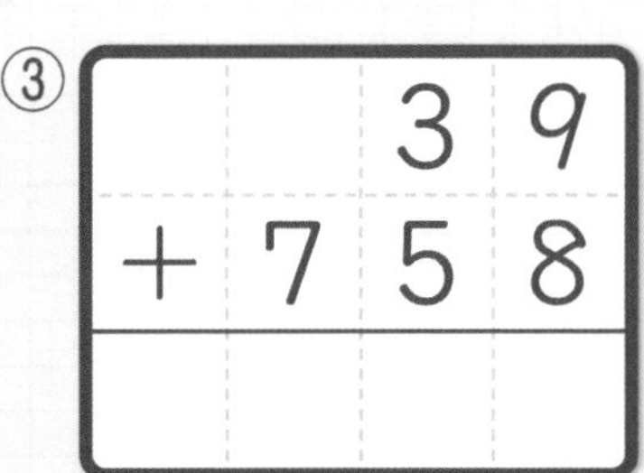

②			
	2	2	4
+		6	1

③			
		3	9
+	7	5	8

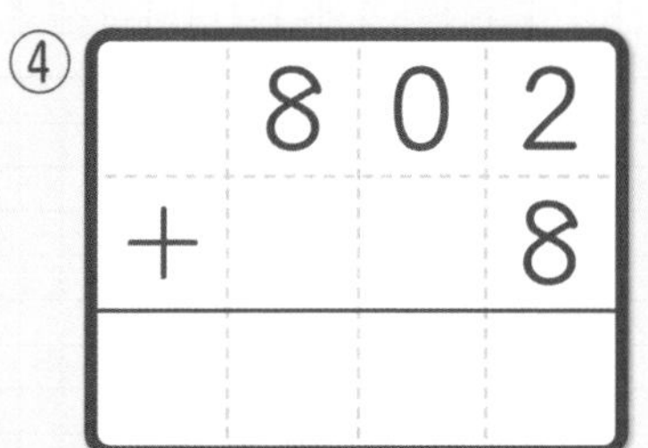

④			
	8	0	2
+			8

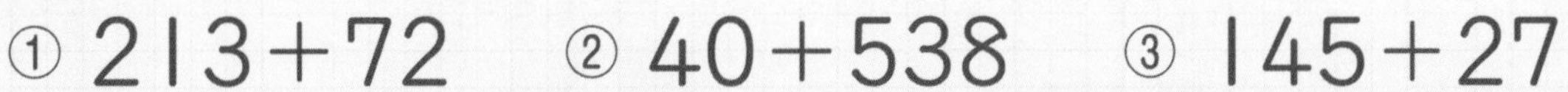

2 ひっ算で　しましょう。

① 213＋72

② 40＋538

③ 145＋27

④ 417＋56

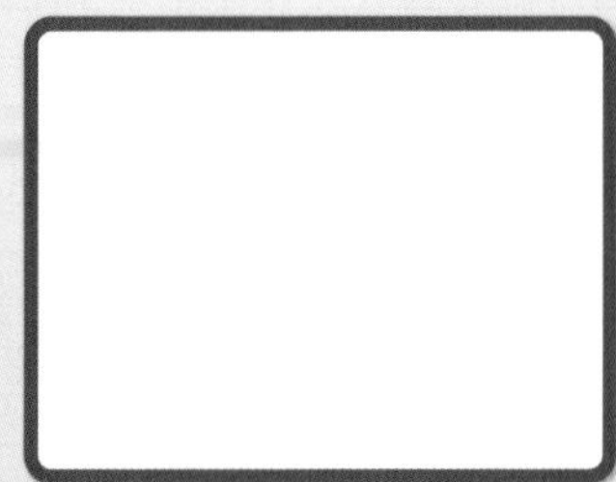

⑤ 9＋401

⑥ 646＋8

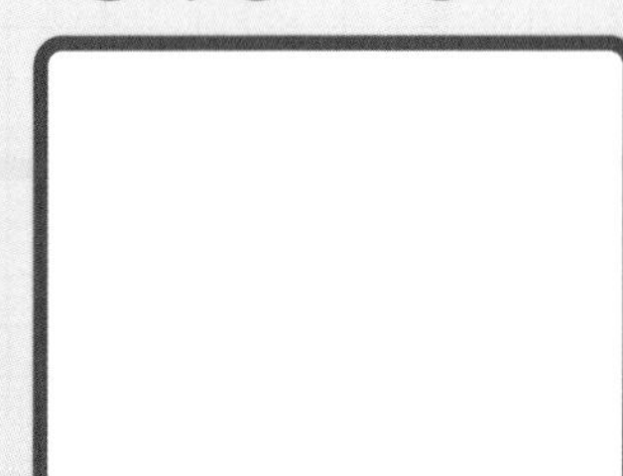

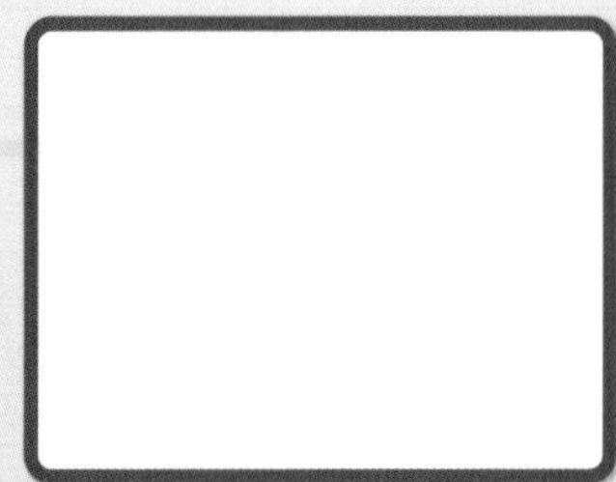

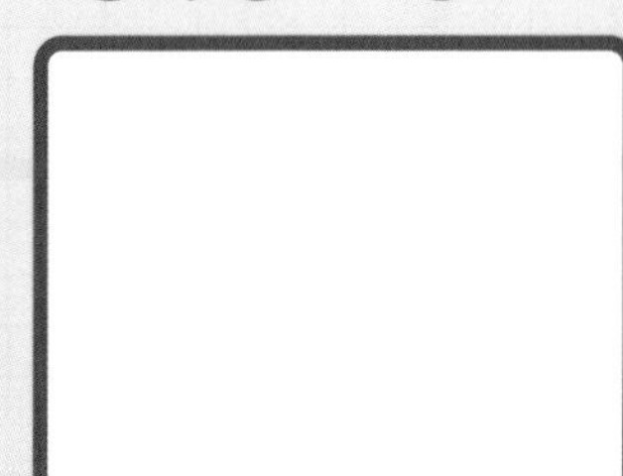

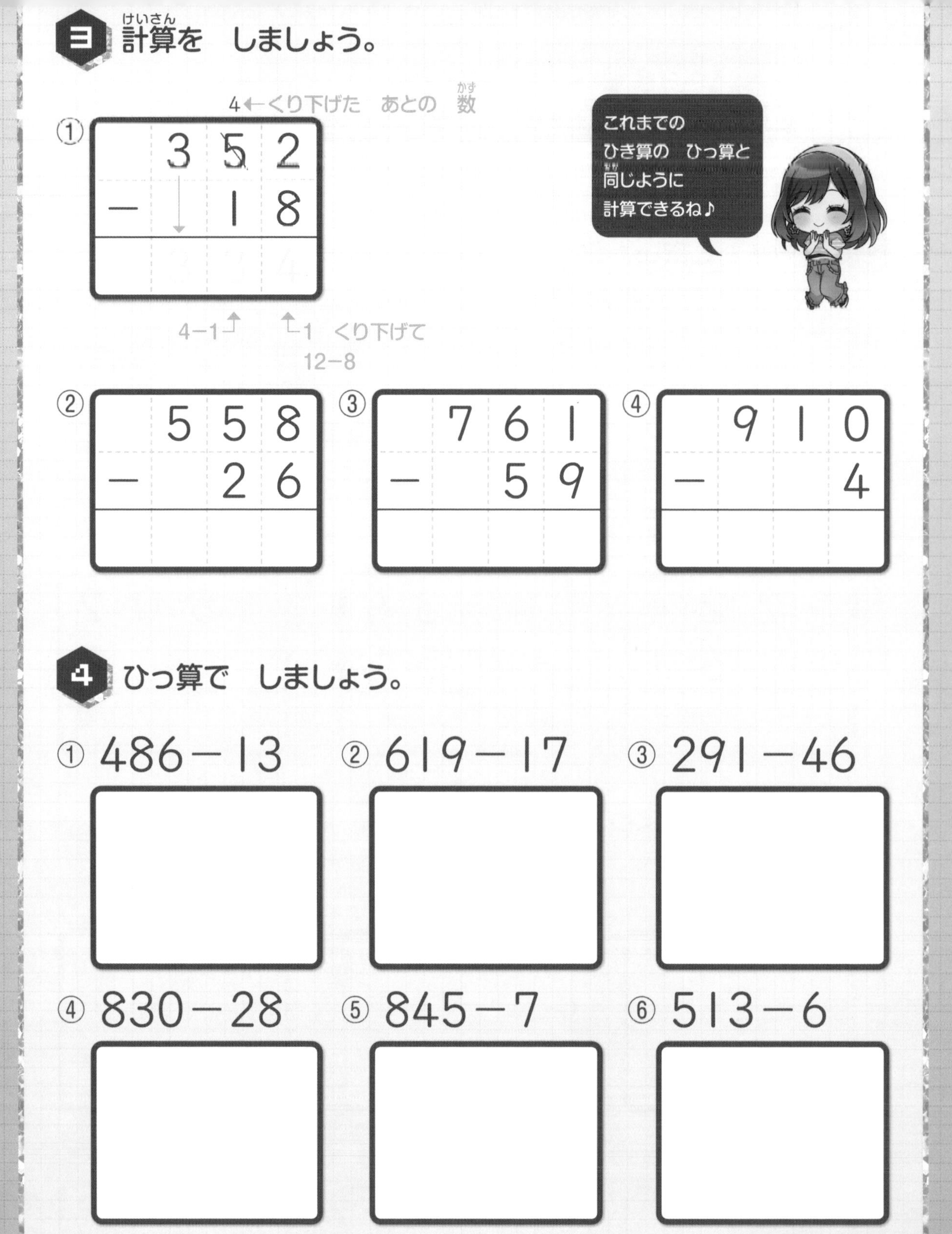

③ 計算を　しましょう。

①
	3	5	2
−		1	8

4←くり下げた　あとの　数

4−1　1　くり下げて　12−8

②
	5	5	8
−		2	6

③
	7	6	1
−		5	9

④
	9	1	0
−			4

④ ひっ算で　しましょう。

① 486−13　② 619−17　③ 291−46

④ 830−28　⑤ 845−7　⑥ 513−6

たてに　おりめが　ついた　スカートの　ことを，
プリーツスカートと　いうよ。

答え合わせを　したら
1日の　シールを　はろう！

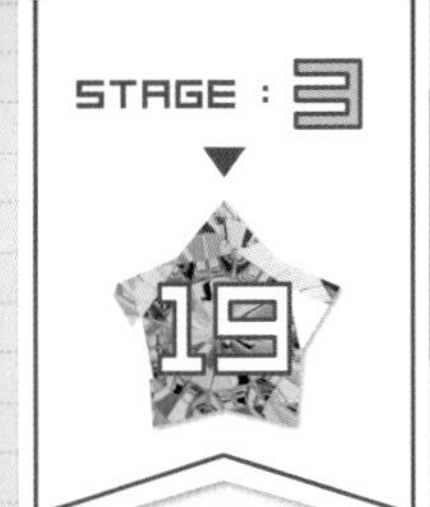

かけ算の　しき

月　　日

答え 85 ページ

1 カップケーキの　数(かず)を　かけ算(ざん)の　しきに　書(か)きましょう。

1さらに　2こずつの　4さら分(ぶん)で　8こ。

（しき）□×□＝□

1つ分の　数　　いくつ分　　ぜんぶの　数

2 絵(え)と　あう　かけ算の　しきを　線(せん)で　むすびましょう。

①  ・　　　　・ ㋐ 2×3

②  ・　　　　・ ㋑ 4×2

③  ・　　　　・ ㋒ 3×2

④  ・　　　　・ ㋓ 3×3

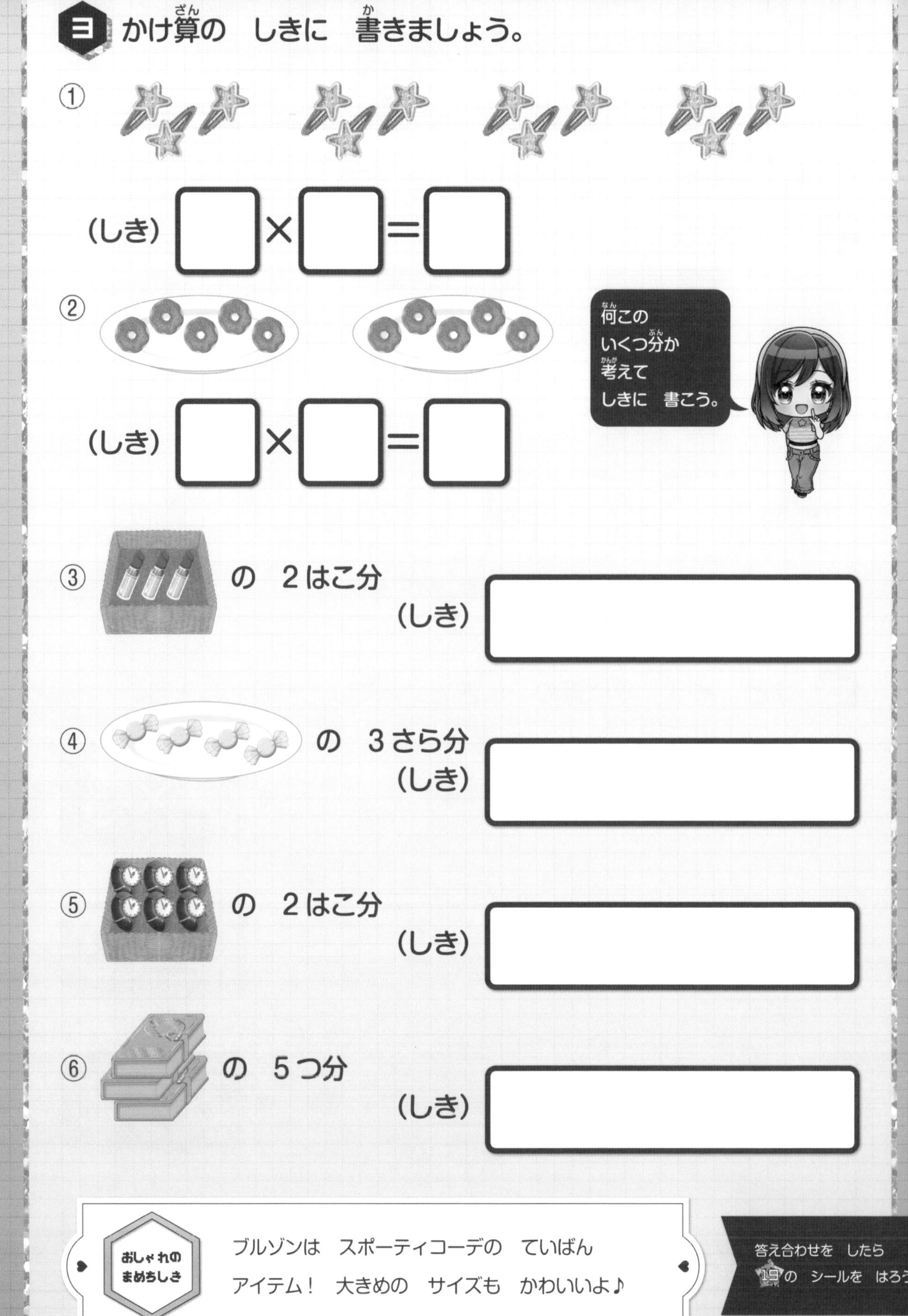

3 かけ算の　しきに　書きましょう。

①

（しき）□×□＝□

②

（しき）□×□＝□

③ の　2はこ分

（しき）

④ の　3さら分

（しき）

⑤ の　2はこ分

（しき）

⑥ の　5つ分

（しき）

おしゃれの まめちしき

ブルゾンは　スポーティコーデの　ていばん
アイテム！　大きめの　サイズも　かわいいよ♪

答え合わせを　したら
19の　シールを　はろう！

5のだんの　九九

月　　日

答え 85 ページ

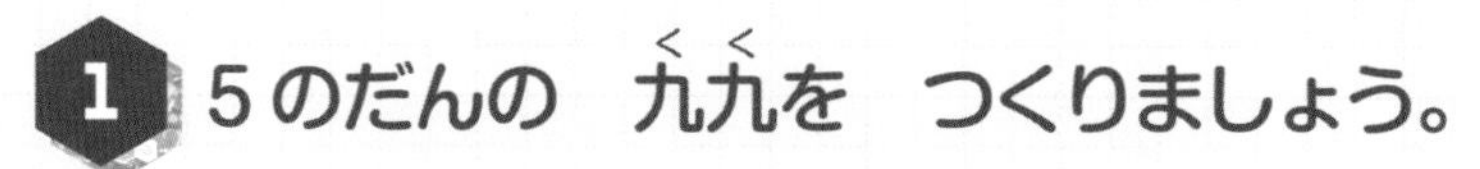

1 5のだんの　九九(くく)を　つくりましょう。

① （五一(ごいち)が）　$5 \times 1 =$ [5]

② （五二(ごに)）　$5 \times 2 =$ [10]

③ （五三(ごさん)）　$5 \times 3 =$ [15]

④ （五四(ごし)）　$5 \times 4 =$ □

⑤ （五五(ごご)）　$5 \times 5 =$ □

⑥ （五六(ごろく)）　$5 \times 6 =$ □

⑦ （五七(ごしち)）　$5 \times 7 =$ □

⑧ （五八(ごは)）　$5 \times 8 =$ □

⑨ （五九(ごっく)）　$5 \times 9 =$ □

2 計算を　しましょう。

① 5 × 1　　② 5 × 2

③ 5 × 3　　④ 5 × 4

⑤ 5 × 5　　⑥ 5 × 6

⑦ 5 × 7　　⑧ 5 × 8

⑨ 5 × 9　　⑩ 5 × 4

⑪ 5 × 6　　⑫ 5 × 5

⑬ 5 × 2　　⑭ 5 × 8

3 5のだんの　九九の　答えに　なる　数を　ぜんぶ　見つけて，○で　かこみましょう。

㋐ 1	㋑ 3	㋒ 5
㋓ 12	㋔ 15	㋕ 21
㋖ 24	㋗ 35	㋘ 45

5のだん
ぜんぶ
おぼえたかな？

おしゃれの まめちしき

テカテカと　光る　かわの　そざいで　できた　バッグを，エナメルバッグと　いうよ。

答え合わせを　したら　のシールを　はろう！

2のだんの　九九

月　　日

答え 85 ページ

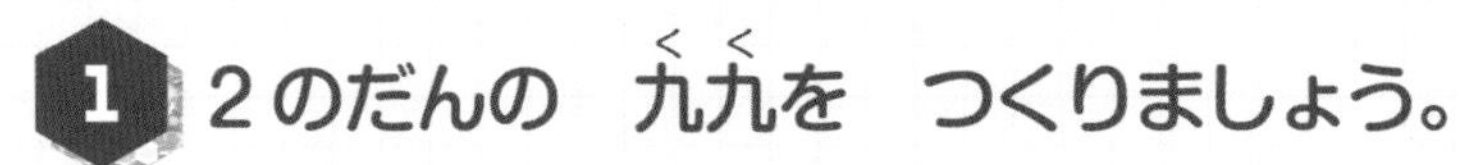

1 2のだんの　九九(くく)を　つくりましょう。

① 
(二一(にいち)が)
2 × 1 = ☐

②
(二二(ににん)が)
2 × 2 = ☐

③
(二三(にさん)が)
2 × 3 = ☐

④
(二四(にし)が)
2 × 4 = ☐

⑤
(二五(にご))
2 × 5 = ☐

⑥
(二六(にろく))
2 × 6 = ☐

⑦
(二七(にしち))
2 × 7 = ☐

⑧
(二八(にはち))
2 × 8 = ☐

⑨
(二九(にく))
2 × 9 = ☐

2 計算(けいさん)を　しましょう。

① 2×1　② 2×2

③ 2×3　④ 2×4

⑤ 2×5　⑥ 2×6

⑦ 2×7　⑧ 2×8

⑨ 2×9　⑩ 2×3

⑪ 2×6　⑫ 2×8

⑬ 2×4　⑭ 2×7

3 2のだんの　九九(くく)の　答(こた)えに　なる　数(かず)を　ぜんぶ見つけて，○で　かこみましょう。

㋐ 3	㋑ 4	㋒ 7
㋓ 9	㋔ 10	㋕ 15
㋖ 16	㋗ 17	㋘ 18

2のだん
すらすら
いえますか？

おでこを　みせる　ヘアアレンジは，明(あか)るくて元気(げんき)な　いんしょうを　あたえるよ★

答え合わせを　したら
21の　シールを　はろう！

3のだんの　九九

月　　日

答え 85ページ

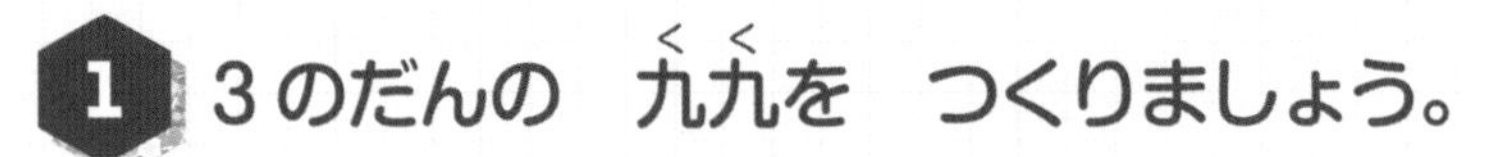

1 3のだんの　九九（くく）を　つくりましょう。

① 
（三一が）（さんいち）
$3 \times 1 =$ 3

② （三二が）（さん に）
$3 \times 2 =$ 6

③ （三三が）（さ ざん）
$3 \times 3 =$ 9

④ 
（三四）（さん し）
$3 \times 4 =$ □

⑤ （三五）（さん ご）
$3 \times 5 =$ □

⑥ （三六）（さぶろく）
$3 \times 6 =$ □

⑦ （三七）（さんしち）
$3 \times 7 =$ □

⑧ （三八）（さん ぱ）
$3 \times 8 =$ □

⑨ （三九）（さん く）
$3 \times 9 =$ □

2 計算を　しましょう。

① 3×1　② 3×2

③ 3×3　④ 3×4

⑤ 3×5　⑥ 3×6

⑦ 3×7　⑧ 3×8

⑨ 3×9　⑩ 3×2

⑪ 3×5　⑫ 3×8

⑬ 3×7　⑭ 3×9

3 3のだんの　九九の　答えに　なる　数を　ぜんぶ見つけて，○で　かこみましょう。

㋐ 3	㋑ 5	㋒ 9
㋓ 10	㋔ 12	㋕ 16
㋖ 18	㋗ 25	㋘ 26

九九を
おぼえれば
かんたんだね。

おしゃれの まめちしき

大人っぽ　とは，シンプルな　コーデの　こと。
おちついた　色を　つかって　オシャレに　きめよう！

答え合わせを　したら
22の　シールを　はろう！

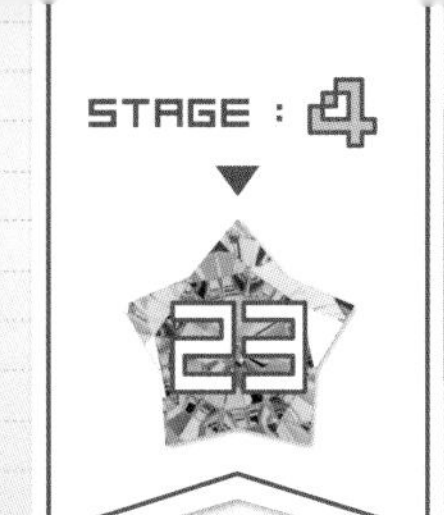

4のだんの　九九

月　　日

答え 86 ページ

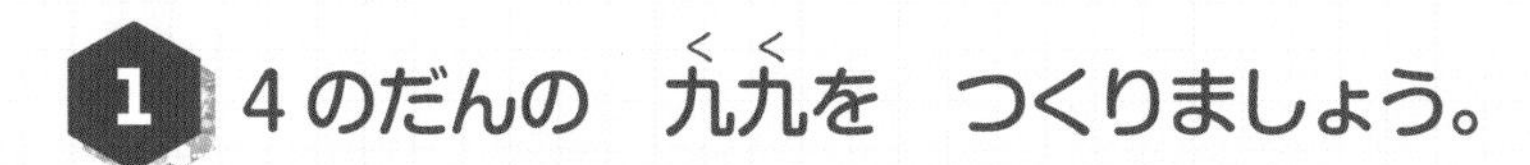

1 4のだんの　九九(くく)を　つくりましょう。

① (四一(しいち)が)　$4 \times 1 =$ [4]

② (四二(しに)が)　$4 \times 2 =$ [8]

③ (四三(しさん))　$4 \times 3 =$ [12]

④ (四四(しし))　$4 \times 4 =$ □

⑤ (四五(しご))　$4 \times 5 =$ □

⑥ (四六(しろく))　$4 \times 6 =$ □

⑦ (四七(ししち))　$4 \times 7 =$ □

⑧ (四八(しは))　$4 \times 8 =$ □

⑨ (四九(しく))　$4 \times 9 =$ □

2 計算を　しましょう。

① 4 × 1　　② 4 × 2

③ 4 × 3　　④ 4 × 4

⑤ 4 × 5　　⑥ 4 × 6

⑦ 4 × 7　　⑧ 4 × 8

⑨ 4 × 9　　⑩ 4 × 2

⑪ 4 × 7　　⑫ 4 × 6

⑬ 4 × 4　　⑭ 4 × 8

3 4のだんの　九九の　答えに　なる　数を　ぜんぶ見つけて，○で　かこみましょう。

㋐ 5	㋑ 6	㋒ 12
㋓ 16	㋔ 20	㋕ 25
㋖ 30	㋗ 34	㋘ 36

4のだんの
九九が　いえるように
なったね♪

おしゃれの まめちしき

ねぐせが　ある　ときは，水で　ぬらしてから
ドライヤーで　かわかすと　直りやすいよ★

答え合わせを　したら
23の　シールを　はろう！

2, 3, 4, 5 のだんの 九九の れんしゅう

1 計算(けいさん)を しましょう。

① 5 × 2

② 5 × 5

③ 5 × 9

④ 5 × 3

⑤ 2 × 4

⑥ 2 × 1

⑦ 2 × 7

⑧ 2 × 9

⑨ 2 × 8

⑩ 3 × 3

⑪ 3 × 2

⑫ 3 × 4

⑬ 3 × 8

⑭ 4 × 3

⑮ 4 × 7

⑯ 4 × 6

⑰ 4 × 9

⑱ 4 × 8

2 キャンディが　3こずつ　のった　さらが　6さら　あります。
キャンディは　ぜんぶで　何こ　ありますか。

(しき) □×□=□

答え □ こ

3 ほう石が　5こ　ついて　いる　バッグが　7こ　あります。
ほう石は　ぜんぶで　何こ　ありますか。

(しき) □

答え □ こ

4 1まい　4円の　シールを　5まい　買います。
だい金は　いくらに　なりますか。

(しき) □

答え □ 円

おしゃれの まめちしき

すその　ぶぶんだけが　広がった　スカートの
ことを，マーメイドスカートと　いうよ♪

答え合わせを　したら
□の　シールを　はろう！

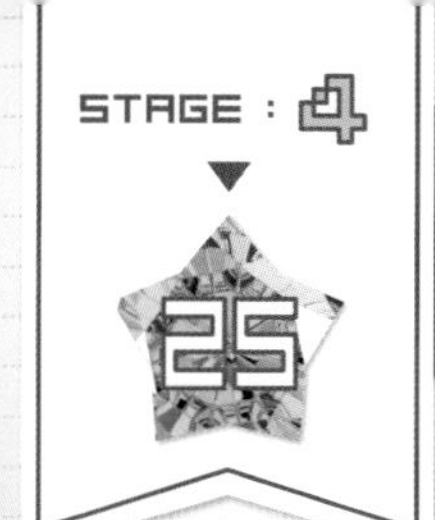

6のだんの　九九

月　　日

答え 86 ページ

1 6のだんの　九九(くく)を　つくりましょう。

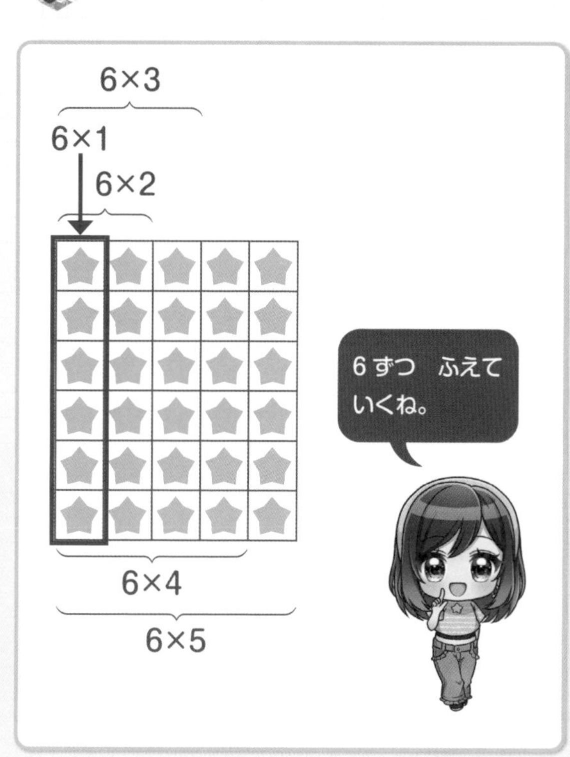

6×7
6×6
6×8
6×9

(六一(ろくいち)が)
① 6 × 1 = 6

(六二(ろくに))
② 6 × 2 = 12

(六三(ろくさん))
③ 6 × 3 = 18

(六四(ろくし))
④ 6 × 4 = □

(六五(ろくご))
⑤ 6 × 5 = □

(六六(ろくろく))
⑥ 6 × 6 = □

(六七(ろくしち))
⑦ 6 × 7 = □

(六八(ろくは))
⑧ 6 × 8 = □

(六九(ろっく))
⑨ 6 × 9 = □

2 計算(けいさん)を　しましょう。

① 6 × 1　　② 6 × 2

③ 6 × 3　　④ 6 × 4

⑤ 6 × 5　　⑥ 6 × 6

⑦ 6 × 7　　⑧ 6 × 8

⑨ 6 × 9　　⑩ 6 × 5

⑪ 6 × 1　　⑫ 6 × 7

⑬ 6 × 4　　⑭ 6 × 8

3 6のだんの　九九(くく)の　答(こた)えに　なる　数(かず)を　ぜんぶ　見つけて，○で　かこみましょう。

㋐ 3	㋑ 9	㋒ 12
㋓ 18	㋔ 20	㋕ 36
㋖ 38	㋗ 45	㋘ 54

6のだん
ぜんぶ
おぼえたかな。

おしゃれの　まめちしき

つめは，せいけつかんが　あらわれる　だいじな　パーツ！　つめきりで　みじかく　ととのえよう♪

答え合わせを　したら　のシールを　はろう！

7のだんの　九九

月　　日

答え 86 ページ

1　7のだんの　九九(くく)を　つくりましょう。

7×6

7×7

(七一が)(しちいち)
① 7 × 1 = [7]

(七二)(しち に)
② 7 × 2 = [14]

(七三)(しちさん)
③ 7 × 3 = [21]

(七四)(しち し)
④ 7 × 4 = □

(七五)(しち ご)
⑤ 7 × 5 = □

(七六)(しちろく)
⑥ 7 × 6 = □

(七七)(しちしち)
⑦ 7 × 7 = □

(七八)(しち は)
⑧ 7 × 8 = □

(七九)(しち く)
⑨ 7 × 9 = □

2 計算を　しましょう。

① 7 × 1　　② 7 × 2

③ 7 × 3　　④ 7 × 4

⑤ 7 × 5　　⑥ 7 × 6

⑦ 7 × 7　　⑧ 7 × 8

⑨ 7 × 9　　⑩ 7 × 1

⑪ 7 × 8　　⑫ 7 × 9

⑬ 7 × 4　　⑭ 7 × 7

3 7のだんの　九九の　答えに　なる　数を　ぜんぶ　見つけて，○で　かこみましょう。

㋐ 9	㋑ 14	㋒ 18
㋓ 21	㋔ 35	㋕ 38
㋖ 42	㋗ 48	㋘ 52

7のだんの　九九を
いえるように
なったかな。

おしゃれの まめちしき

バッグや　ヘアアクセなど，こものの　色を
そろえると，コーデが　まとまりやすいよ♪

答え合わせを　したら
26 の　シールを　はろう！

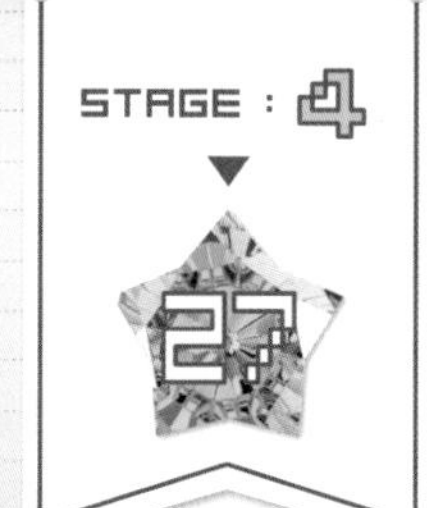

8のだんの　九九

月　　日

答え 87ページ

1 8のだんの　九九(くく)を　つくりましょう。

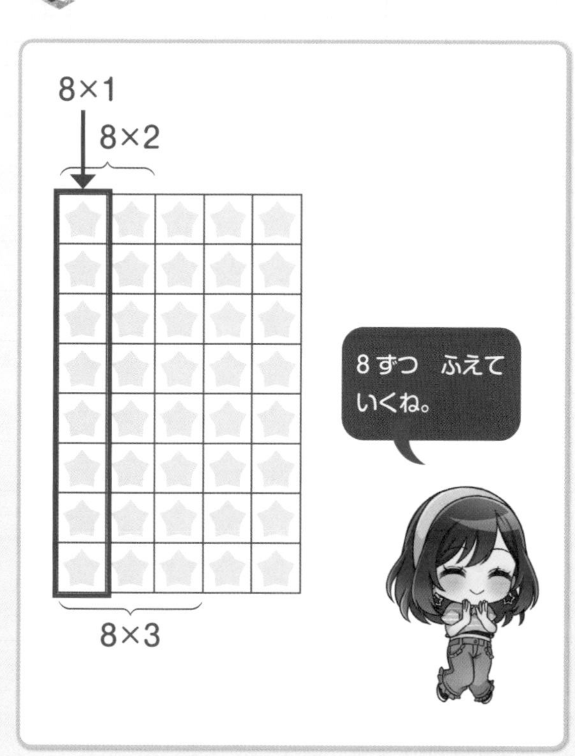

8×6

8×7

(八一が)(はちいち)
① 8 × 1 = 8

(八二)(はちに)
② 8 × 2 = 16

(八三)(はちさん)
③ 8 × 3 = 24

(八四)(はちし)
④ 8 × 4 =

(八五)(はちご)
⑤ 8 × 5 =

(八六)(はちろく)
⑥ 8 × 6 =

(八七)(はちしち)
⑦ 8 × 7 =

(八八)(はっぱ)
⑧ 8 × 8 =

(八九)(はっく)
⑨ 8 × 9 =

2 計算を　しましょう。

① 8 × 1　② 8 × 2

③ 8 × 3　④ 8 × 4

⑤ 8 × 5　⑥ 8 × 6

⑦ 8 × 7　⑧ 8 × 8

⑨ 8 × 9　⑩ 8 × 3

⑪ 8 × 5　⑫ 8 × 7

⑬ 8 × 6　⑭ 8 × 9

3 8のだんの　九九の　答えに　なる　数を　ぜんぶ　見つけて，○で　かこみましょう。

㋐ 12	㋑ 16	㋒ 18
㋓ 23	㋔ 32	㋕ 36
㋖ 48	㋗ 62	㋘ 64

8のだんの
九九まで
がんばって　きたね。

おしゃれの まめちしき

くつひもが　なく，足の　こうの　ぶぶんに　かざりが　ある　くつの　ことを，ローファーと　いうよ。

答え合わせを　したら　27の　シールを　はろう！

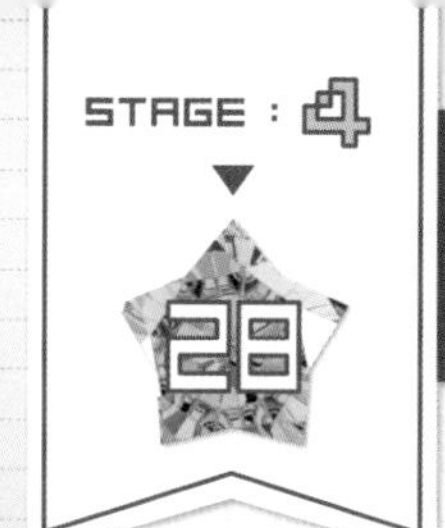

9のだんの　九九

月　　日

答え　87ページ

1　9のだんの　九九（くく）を　つくりましょう。

9×6

9×7

（九一（くいち）が）
① 9 × 1 ＝ 9

（九二（くに））
② 9 × 2 ＝ 18

（九三（くさん））
③ 9 × 3 ＝ 27

（九四（くし））
④ 9 × 4 ＝ □

（九五（くご））
⑤ 9 × 5 ＝ □

（九六（くろく））
⑥ 9 × 6 ＝ □

（九七（くしち））
⑦ 9 × 7 ＝ □

（九八（くは））
⑧ 9 × 8 ＝ □

（九九（くく））
⑨ 9 × 9 ＝ □

2 計算を　しましょう。

① 9 × 1　　② 9 × 2

③ 9 × 3　　④ 9 × 4

⑤ 9 × 5　　⑥ 9 × 6

⑦ 9 × 7　　⑧ 9 × 8

⑨ 9 × 9　　⑩ 9 × 2

⑪ 9 × 7　　⑫ 9 × 9

⑬ 9 × 8　　⑭ 9 × 4

3 9のだんの　九九の　答えに　なる　数を　ぜんぶ見つけて，○で　かこみましょう。

㋐ 6	㋑ 11	㋒ 21
㋓ 27	㋔ 32	㋕ 45
㋖ 52	㋗ 54	㋘ 81

おしゃれのまめちしき

メガネは　イメチェンに　さいこう★　どが　入っていない，だてメガネも　おすすめだよ！

答え合わせを　したら
28の　シールを　はろう！

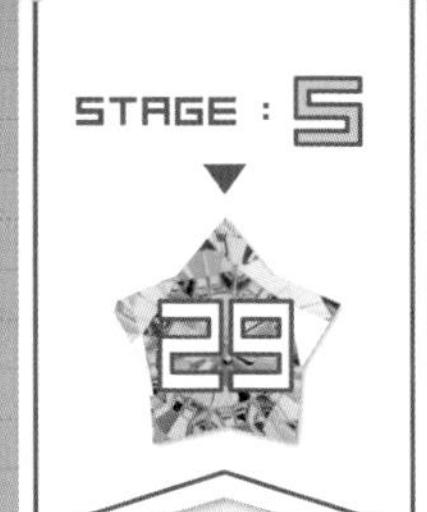

1のだんの　九九

月　　日

答え 87 ページ

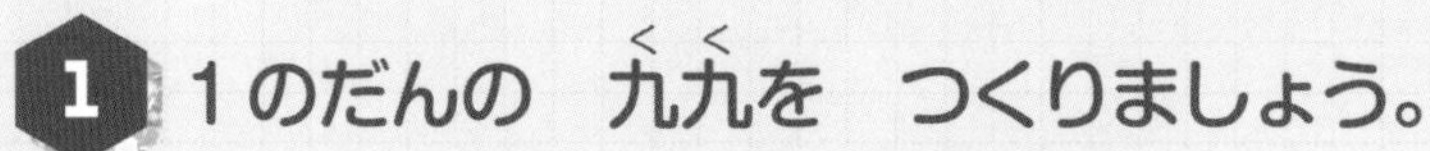

1 1のだんの　九九（くく）を　つくりましょう。

① ★　（一一（いんいち）が）$1 \times 1 =$ □

② ★★　（一二（いんに）が）$1 \times 2 =$ □

③ ★★★　（一三（いんさん）が）$1 \times 3 =$ □

④ ★★★★　（一四（いんし）が）$1 \times 4 =$ □

⑤ ★★★★★　（一五（いんご）が）$1 \times 5 =$ □

⑥ ★★★★★★　（一六（いんろく）が）$1 \times 6 =$ □

⑦ ★★★★★★★　（一七（いんしち）が）$1 \times 7 =$ □

⑧ ★★★★★★★★　（一八（いんはち）が）$1 \times 8 =$ □

⑨ ★★★★★★★★★　（一九（いんく）が）$1 \times 9 =$ □

2 計算を　しましょう。

① 1 × 1　　② 1 × 2

③ 1 × 3　　④ 1 × 4

⑤ 1 × 5　　⑥ 1 × 6

⑦ 1 × 7　　⑧ 1 × 8

⑨ 1 × 9　　⑩ 1 × 2

⑪ 1 × 5　　⑫ 1 × 7

⑬ 1 × 3　　⑭ 1 × 8

3 □に　あてはまる　数を　書きましょう。

① 1 × □ = 4　　② 1 × □ = 1

③ 1 × □ = 9

④ 1 × □ = 6

ゆかたとは，夏に　よく　きられる，日本の
でんとうてきな　ふく。夏まつりに　きて　いこう！

答え合わせを　したら
の　シールを　はろう！

6, 7, 8, 9, 1のだんの九九の　れんしゅう

答え 87 ページ

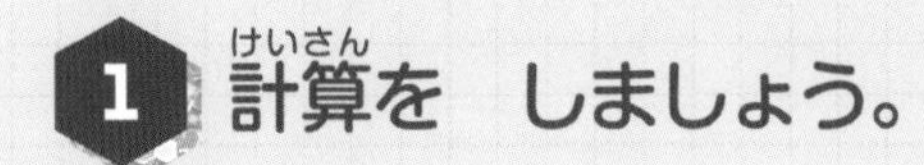

1 計算(けいさん)を　しましょう。

① 6×2

② 6×5

③ 6×9

④ 7×3

⑤ 7×6

⑥ 7×8

⑦ 8×2

⑧ 8×6

⑨ 8×9

⑩ 9×3

⑪ 9×6

⑫ 9×9

⑬ 9×5

⑭ 1×3

⑮ 1×7

⑯ 1×8

⑰ 1×6

2 マニキュアが　1はこに
7本ずつ　入って　います。
2はこ分では　マニキュアは
何本に　なりますか。

(しき)

答え　　本

3 キャンディが　1ふくろに
9こずつ　入って　います。
8ふくろ分では　キャンディは
何こに　なりますか。

(しき)

答え　　こ

4 ハムスターが　7ひき　います。1ぴきに　6つぶずつ　エサを
あげると，ぜんぶで　何つぶ　ひつようですか。

(しき)

答え　　つぶ

みつあみを　サイドで　ひとつに　まとめると，
大人っぽくて　はなやかな　いんしょうに　なるよ♡

答え合わせを　したら
の　シールを　はろう！

九九の　れんしゅう①

月　　日

答え ■■ ページ

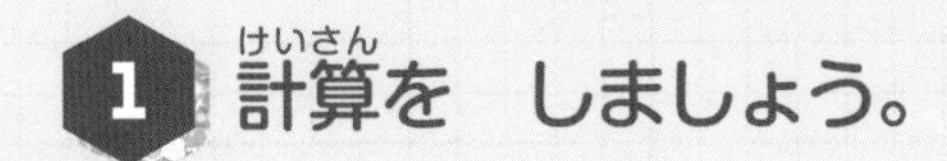

1 計算を　しましょう。

① 2 × 3

② 1 × 9

③ 5 × 5

④ 6 × 4　　⑤ 1 × 5

⑥ 3 × 7　　⑦ 8 × 6

⑧ 7 × 4　　⑨ 9 × 5

⑩ 4 × 1　　⑪ 5 × 8

⑫ 8 × 8　　⑬ 6 × 5

⑭ 7 × 7　　⑮ 9 × 6

⑯ 2 × 4　　⑰ 4 × 9

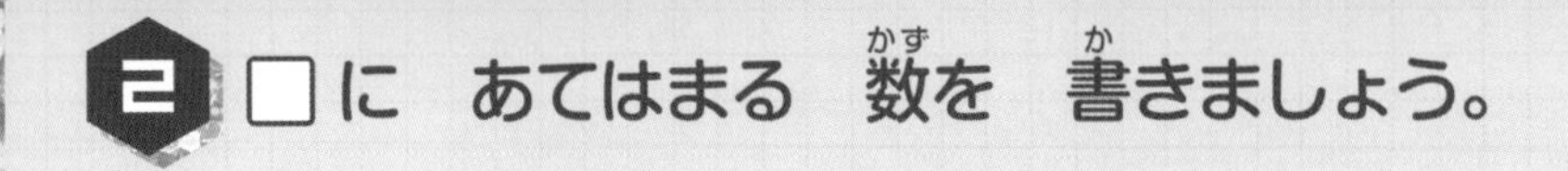

2 □に あてはまる 数を 書きましょう。

① 4×3と 3×□の 答えは 同じ。

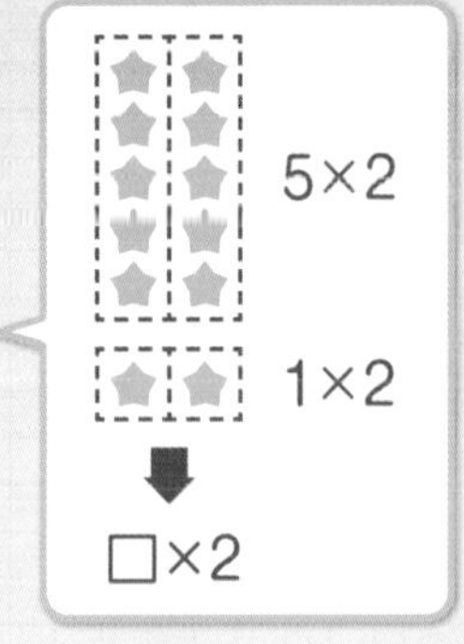

② 5×2の 答えと 1×2の 答えを たすと，□×2の 答えに なる。

③ 3×6の 答えは 3×5の 答えより □ 大きい。

④ 7×5の 答えは 7×□の 答えより 7 大きい。

3 □に あてはまる 数を 書きましょう。

① $2 \times 6 = 6 \times \square$

② $8 \times 7 = \square \times 8$

③ $6 \times \square = 4 \times 6$

④ $\square \times 2 = 2 \times 1$

⑤ $5 \times 7 = 5 \times 6 + \square$

⑥ $7 \times 9 = 7 \times 8 + \square$

⑦ $9 \times 8 = 9 \times 7 + \square$

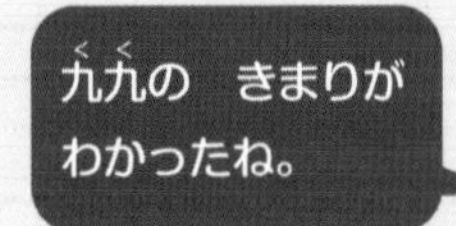

ゆかたを きる ときは，自分から 見て 左の えりを 上に かさねるよ♪

答え合わせを したら 31の シールを はろう！

九九の　れんしゅう②

月　　日

答え ▶ 88 ページ

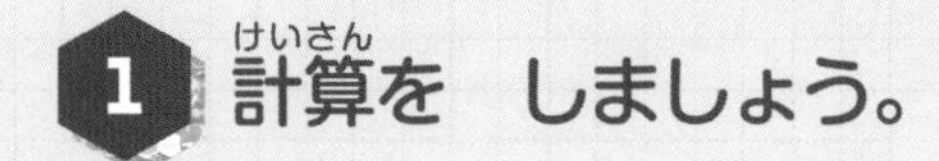

1 計算(けいさん)を　しましょう。

① 2 × 7

② 4 × 6

③ 5 × 4

④ 6 × 7

⑤ 1 × 1

⑥ 3 × 8

⑦ 7 × 5

⑧ 5 × 9

⑨ 9 × 7

⑩ 8 × 2

⑪ 4 × 7

⑫ 3 × 4

⑬ 9 × 8

⑭ 6 × 9

⑮ 8 × 7

⑯ 7 × 6

⑰ 2 × 8

⑱ 3 × 9

2 右の ★ の 数を，3つの 考え方で もとめます。□に あてはまる 数を 書きましょう。

①2この まとまりと 4この まとまりに 分ける。

・2×4=8

・4×あ□=い□

・8+う□=え□

②★を うごかして，3この まとまりを つくる。

・★を うごかすと 3この まとまりが 8こ できるから，

3×あ□=い□

③ない ところの ☆を ひいて 考える。

・4×8=32

・2×あ□=い□

・32−う□=え□

3 右の ★ の 数を，図のように ★ を うごかして もとめます。□に あてはまる 数を 書きましょう。

□×□=□

ゆかたを こていする ための ぬのを，おびと いうよ。おびは ゆかたに 合う 色を えらぼう！

答え合わせを したら ヨ の シールを はろう！

九九の　ひょう

月　　日

答え 88 ページ

1 下は　九九(くく)の　ひょうです。①～⑲に　あてはまる答(こた)えを　入れて，九九の　ひょうを　かんせいさせましょう。

		かける数(かず)								
		1	2	3	4	5	6	7	8	9
かけられる数	1	1	2	①	4	5	6	7	8	9
	2	2	4	6	8	②	③	14	16	18
	3	3	④	9	12	15	⑤	21	24	27
	4	4	8	⑥	16	⑦	24	28	32	⑧
	5	⑨	10	15	20	25	30	35	⑩	45
	6	6	12	18	⑪	30	⑫	42	48	54
	7	7	14	⑬	28	35	42	⑭	⑮	63
	8	8	16	24	⑯	40	48	56	64	⑰
	9	9	⑱	27	⑲	45	54	63	72	81

2 答えが　つぎの　数に　なる　九九を　ぜんぶ書(か)きましょう。

① 9　　1×9，

② 18

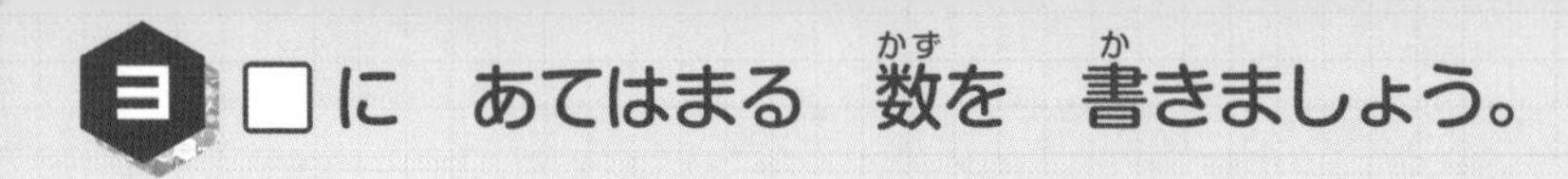

3 □に　あてはまる　数を　書きましょう。

①

下の　図の　★の
数を　もとめます。

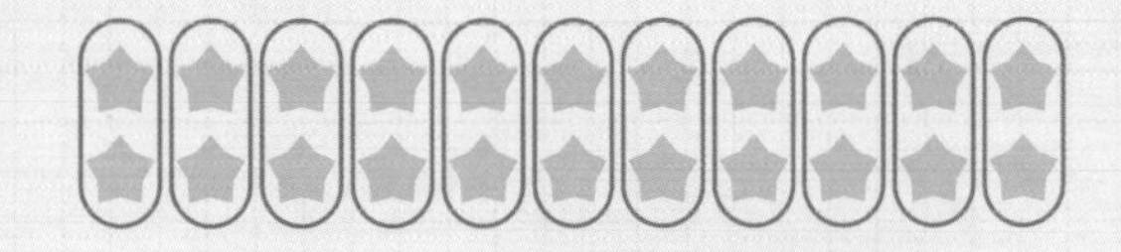

あ　しきは，2×□

い　かける数が 1 ふえると，
答えは　かけられる数だけ
ふえます。

2×9=18
2×10=□
2×11=□

(2 ふえる)
(2 ふえる)

う　だから，★の　数は，
□こです。

②

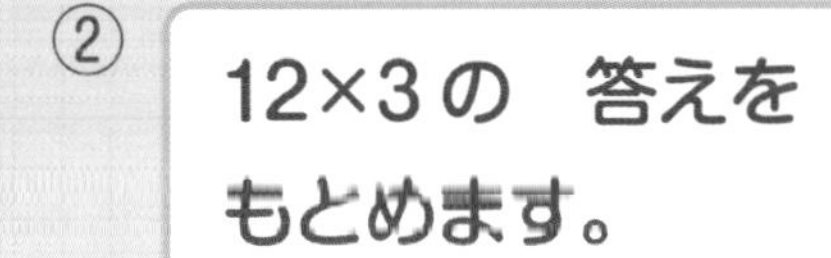

12×3の　答えを
もとめます。

あ　かけられる数と
かける数を　入れかえて
計算しても，答えは
同じです。
　しきは，

12×3=3×□

い　答えは　3ずつ
ふえるから，

3×9=27
3×10=30
3×11=□
3×12=□

(3 ふえる)
(3 ふえる)
(3 ふえる)

う　だから，12×3の
答えは，□です。

ゆかたに　合わせる　かばんは，カゴの　形の
ものか，きんちゃくの　形の　ものが　おすすめだよ★

答え合わせを　したら
3の　シールを　はろう！

まとめテスト

月　日

答え ■■ ページ

1 計算を　しましょう。

①
$$\begin{array}{r} 24 \\ +\ 72 \\ \hline \end{array}$$

②
$$\begin{array}{r} 54 \\ +\ 87 \\ \hline \end{array}$$

③
$$\begin{array}{r} 637 \\ +\ 33 \\ \hline \end{array}$$

④
$$\begin{array}{r} 79 \\ -\ 42 \\ \hline \end{array}$$

⑤
$$\begin{array}{r} 134 \\ -\ 64 \\ \hline \end{array}$$

⑥
$$\begin{array}{r} 102 \\ -\ 24 \\ \hline \end{array}$$

2 ひっ算で　しましょう。

① 68＋6

② 29＋74

③ 325＋49

④ 123－94

⑤ 101－8

⑥ 784－78

3 くふうして 計算しましょう。

① 9 + 18 + 2　　② 13 + 19 + 27

4 計算を しましょう。

① 2 × 9　　② 6 × 6

③ 1 × 7　　④ 6 × 8

⑤ 9 × 6　　⑥ 7 × 9

⑦ 9 × 8　　⑧ 4 × 3

⑨ 7 × 5　　⑩ 3 × 7

⑪ 8 × 6　　⑫ 5 × 5

5 答えが 24に なる かけ算を ぜんぶ 見つけて，◯で かこみましょう。

㋐ 4×7　　㋑ 2×4　　㋒ 3×8

㋓ 6×4　　㋔ 9×3　　㋕ 5×4

おしゃれの まめちしき

ゆかたに 合わせる かみかざりは，お花か かんざしを つかうのが ていばんだよ♡

答え合わせを したら 🏠の シールを はろう！

答えとアドバイス

おうちの方へ

間違えた問題は，
見直しをしてしっかり理解させましょう。

1 たし算と ひき算の しかた　13ページ

1 ①2　②1　③2，22

2 ①20　②40　③32　④73　⑤87

3 ①20　②9　③1，12

4 ①17　②42　③29　④73　⑤66

2 たし算の ひっ算①　15ページ

1 ①35　②56　③77　④58　⑤75　⑥60　⑦97　⑧58　⑨67　⑩89

2 ①39　②68　③95　④85　⑤87　⑥83

3

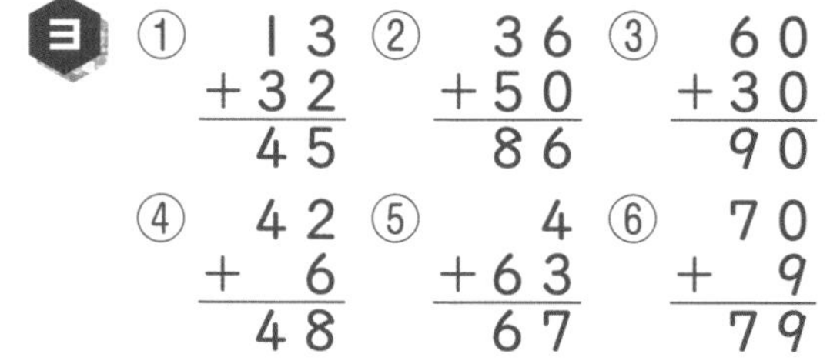

① $\begin{array}{r} 13 \\ +32 \\ \hline 45 \end{array}$　② $\begin{array}{r} 36 \\ +50 \\ \hline 86 \end{array}$　③ $\begin{array}{r} 60 \\ +30 \\ \hline 90 \end{array}$

④ $\begin{array}{r} 42 \\ +\ 6 \\ \hline 48 \end{array}$　⑤ $\begin{array}{r} 4 \\ +63 \\ \hline 67 \end{array}$　⑥ $\begin{array}{r} 70 \\ +\ 9 \\ \hline 79 \end{array}$

3 たし算の ひっ算②　17ページ

1 ①62　②41　③64　④85　⑤50　⑥90　⑦83　⑧72　⑨55　⑩34

2 ①61　②83　③50　④93　⑤38　⑥60

3

① $\begin{array}{r} 14 \\ +49 \\ \hline 63 \end{array}$　② $\begin{array}{r} 36 \\ +34 \\ \hline 70 \end{array}$　③ $\begin{array}{r} 64 \\ +18 \\ \hline 82 \end{array}$

④ $\begin{array}{r} 45 \\ +\ 9 \\ \hline 54 \end{array}$　⑤ $\begin{array}{r} 8 \\ +32 \\ \hline 40 \end{array}$　⑥ $\begin{array}{r} 78 \\ +\ 8 \\ \hline 86 \end{array}$

アドバイス　くり上げた1を小さく書いておくと，十の位でたし忘れを防ぐことができます。

3 ②，⑤ 一の位の0を書き忘れないようにしましょう。

4 たし算の ひっ算の れんしゅう　19ページ

1 ①46　②94　③44　④60

2

① $\begin{array}{r} 17 \\ +22 \\ \hline 39 \end{array}$　② $\begin{array}{r} 43 \\ +\ 3 \\ \hline 46 \end{array}$　③ $\begin{array}{r} 47 \\ +16 \\ \hline 63 \end{array}$

④ $\begin{array}{r} 21 \\ +49 \\ \hline 70 \end{array}$　⑤ $\begin{array}{r} 6 \\ +68 \\ \hline 74 \end{array}$

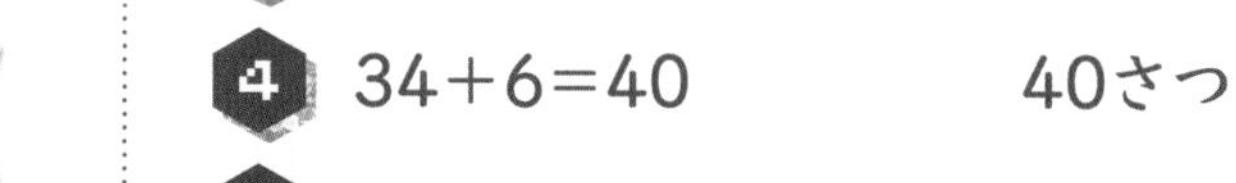

3 $21+28=49$　49こ

4 $34+6=40$　40さつ

5 $19+16=35$　35こ

アドバイス　**3**～**5**は筆算が正しく書けているか確認しましょう。

3 $\begin{array}{r} 21 \\ +28 \\ \hline 49 \end{array}$　**4** $\begin{array}{r} 34 \\ +\ 6 \\ \hline 40 \end{array}$　**5** $\begin{array}{r} 19 \\ +16 \\ \hline 35 \end{array}$

5 ひき算の ひっ算① 21ページ

1 ① 13 ② 26 ③ 23 ④ 12
⑤ 13 ⑥ 6 ⑦ 40 ⑧ 60
⑨ 72 ⑩ 87

2 ① 33 ② 64 ③ 4
④ 20 ⑤ 53 ⑥ 82

3 ① $\begin{array}{r} 47 \\ -32 \\ \hline 15 \end{array}$ ② $\begin{array}{r} 97 \\ -60 \\ \hline 37 \end{array}$ ③ $\begin{array}{r} 89 \\ -83 \\ \hline 6 \end{array}$

④ $\begin{array}{r} 68 \\ -\ \ 5 \\ \hline 63 \end{array}$ ⑤ $\begin{array}{r} 37 \\ -\ \ 3 \\ \hline 34 \end{array}$ ⑥ $\begin{array}{r} 74 \\ -\ \ 4 \\ \hline 70 \end{array}$

6 ひき算の ひっ算② 23ページ

1 ① 23 ② 13 ③ 35 ④ 18
⑤ 22 ⑥ 8 ⑦ 9 ⑧ 37
⑨ 73 ⑩ 68

2 ① 26 ② 17 ③ 58
④ 6 ⑤ 45 ⑥ 89

3 ① $\begin{array}{r} 60 \\ -25 \\ \hline 35 \end{array}$ ② $\begin{array}{r} 85 \\ -36 \\ \hline 49 \end{array}$ ③ $\begin{array}{r} 64 \\ -58 \\ \hline 6 \end{array}$

④ $\begin{array}{r} 83 \\ -\ \ 7 \\ \hline 76 \end{array}$ ⑤ $\begin{array}{r} 71 \\ -\ \ 8 \\ \hline 63 \end{array}$ ⑥ $\begin{array}{r} 50 \\ -\ \ 6 \\ \hline 44 \end{array}$

アドバイス くり下がりのあるひき算では，たし算よりもミスが多くなりがちです。十の位から1くり下げて，くり下げたあとの数を小さく書いておくとよいでしょう。

7 ひき算の ひっ算の れんしゅう 25ページ

1 ① 22 ② 51 ③ 5 ④ 47

2 ① $\begin{array}{r} 67 \\ -14 \\ \hline 53 \end{array}$ ② $\begin{array}{r} 73 \\ -\ \ 3 \\ \hline 70 \end{array}$ ③ $\begin{array}{r} 84 \\ -25 \\ \hline 59 \end{array}$

④ $\begin{array}{r} 91 \\ -86 \\ \hline 5 \end{array}$ ⑤ $\begin{array}{r} 60 \\ -\ \ 4 \\ \hline 56 \end{array}$

3 46−30=16　　16こ

4 66−57=9　　9本

5 40−14=26　　26まい

アドバイス 筆算は次のようになります。

3 $\begin{array}{r} 46 \\ -30 \\ \hline 16 \end{array}$ **4** $\begin{array}{r} \overset{5}{\cancel{6}}6 \\ -57 \\ \hline 9 \end{array}$ **5** $\begin{array}{r} \overset{3}{\cancel{4}}0 \\ -14 \\ \hline 26 \end{array}$

8 たし算と ひき算の ひっ算の れんしゅう① 27ページ

1 ① 47 ② 60 ③ 82 ④ 89
⑤ 77 ⑥ 86 ⑦ 70 ⑧ 93
⑨ 23 ⑩ 28 ⑪ 29 ⑫ 64
⑬ 7 ⑭ 6 ⑮ 40 ⑯ 87

2 ① $\begin{array}{r} 16 \\ +83 \\ \hline 99 \end{array}$ ② $\begin{array}{r} 28 \\ +45 \\ \hline 73 \end{array}$ ③ $\begin{array}{r} 69 \\ +\ \ 7 \\ \hline 76 \end{array}$

④ $\begin{array}{r} 65 \\ -42 \\ \hline 23 \end{array}$ ⑤ $\begin{array}{r} 80 \\ -43 \\ \hline 37 \end{array}$ ⑥ $\begin{array}{r} 54 \\ -\ \ 8 \\ \hline 46 \end{array}$

3

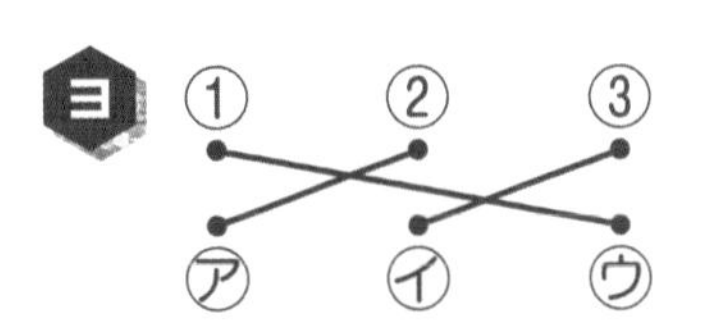

アドバイス **3** ① 65 ② 56
③ 54 ㋐ 56 ㋑ 54 ㋒ 65

9 何十の たし算と ひき算　29ページ

1 ① 110　② 120　③ 150
④ 20　⑤ 50　⑥ 90

2 ① 110　② 130　③ 140
④ 130　⑤ 130　⑥ 50
⑦ 80　⑧ 90　⑨ 80
⑩ 80

3 ㋑，㋔を◯でかこむ。

アドバイス **3** ㋐120　㋑140
㋒150　㋓90　㋔80　㋕70

10 何百の たし算と ひき算　31ページ

1 ① 500　② 800　③ 1000
④ 500　⑤ 200　⑥ 900

2 ① 400　② 700　③ 800
④ 1000　⑤ 800　⑥ 200
⑦ 500　⑧ 300　⑨ 400
⑩ 300

3 ㋒，㋔を◯でかこむ。

アドバイス **3** ㋐700　㋑500
㋒600　㋓700　㋔600　㋕200

11 何十，何百の 計算の れんしゅう　33ページ

1 ① 110　② 130　③ 160
④ 140　⑤ 60　⑥ 90
⑦ 90　⑧ 40　⑨ 600
⑩ 800　⑪ 1000　⑫ 1000
⑬ 400　⑭ 200　⑮ 300
⑯ 700

2 ㋐，㋒，㋕を◯でかこむ。

3 ㋑，㋓，㋔を◯でかこむ。

4 ①—㋐　②—㋒　③—㋑

アドバイス **2** ㋐110　㋑180
㋒110　㋓120　㋔120　㋕110
3 ㋐60　㋑80　㋒70　㋓80
㋔80　㋕70　**4** ① 700
② 500　③ 600　㋐700　㋑600
㋒500

12 3つの 数の たし算　35ページ

1 ❶ 23，24　❷ 10，24

2 ① 20，25　② 20，29
③ 20，33　④ 40，47

3 ① 26　② 29　③ 27　④ 48
⑤ 48　⑥ 57　⑦ 49　⑧ 38
⑨ 36　⑩ 46　⑪ 48　⑫ 43

13 たし算の ひっ算③　37ページ

1 ① 113　② 124　③ 165
④ 107　⑤ 117　⑥ 106
⑦ 167　⑧ 118　⑨ 123
⑩ 139

2 ① 137　② 146　③ 127
④ 114　⑤ 177　⑥ 129
⑦ 107　⑧ 155　⑨ 157

3
① $\begin{array}{r} 94 \\ +34 \\ \hline 128 \end{array}$　② $\begin{array}{r} 41 \\ +82 \\ \hline 123 \end{array}$

③ $\begin{array}{r} 73 \\ +36 \\ \hline 109 \end{array}$　④ $\begin{array}{r} 60 \\ +85 \\ \hline 145 \end{array}$

14 たし算の ひっ算④ 39ページ

1 ①151 ②124 ③153
④114 ⑤103 ⑥100
⑦103 ⑧102 ⑨100
⑩101

2 ①137 ②122 ③141
④120 ⑤102 ⑥104
⑦101 ⑧100 ⑨100

3 ① $\begin{array}{r} 98 \\ +43 \\ \hline 141 \end{array}$ ② $\begin{array}{r} 89 \\ +57 \\ \hline 146 \end{array}$

③ $\begin{array}{r} 97 \\ +\ 6 \\ \hline 103 \end{array}$ ④ $\begin{array}{r} 4 \\ +96 \\ \hline 100 \end{array}$

アドバイス くり上がりが2回あることに気をつけます。

15 ひき算の ひっ算③ 41ページ

1 ①31 ②36 ③52
④83 ⑤65 ⑥60
⑦92 ⑧12 ⑨51
⑩64

2 ①43 ②57 ③80
④62 ⑤51 ⑥96
⑦42 ⑧20 ⑨82

3 ① $\begin{array}{r} 114 \\ -\ 91 \\ \hline 23 \end{array}$ ② $\begin{array}{r} 157 \\ -\ 85 \\ \hline 72 \end{array}$

③ $\begin{array}{r} 132 \\ -\ 70 \\ \hline 62 \end{array}$ ④ $\begin{array}{r} 103 \\ -\ 92 \\ \hline 11 \end{array}$

アドバイス 1 ⑧十の位は，百の位から1くり下げて計算します。

$\begin{array}{r} {\scriptstyle 10} \\ \not{1}09 \\ -\ 97 \\ \hline 12 \end{array}$

16 ひき算の ひっ算④ 43ページ

1 ①63 ②54 ③67
④54 ⑤89 ⑥98
⑦73 ⑧28 ⑨96
⑩96

2 ①27 ②75 ③49
④68 ⑤97 ⑥77
⑦7 ⑧28 ⑨94

3 ① $\begin{array}{r} 136 \\ -\ 88 \\ \hline 48 \end{array}$ ② $\begin{array}{r} 152 \\ -\ 97 \\ \hline 55 \end{array}$

③ $\begin{array}{r} 133 \\ -\ 36 \\ \hline 97 \end{array}$ ④ $\begin{array}{r} 100 \\ -\ 25 \\ \hline 75 \end{array}$

アドバイス 1 ⑧一の位は，百の位から順にくり下げて計算します。

$\begin{array}{r} {\scriptstyle 9} \\ {\scriptstyle \not{1}\not{0}\,10} \\ \not{1}04 \\ -\ 76 \\ \hline 28 \end{array}$

17 たし算と ひき算の ひっ算の れんしゅう② 45ページ

1 ①119 ②107 ③117
④132 ⑤170 ⑥101
⑦106 ⑧100 ⑨52
⑩70 ⑪77 ⑫99
⑬72 ⑭47 ⑮94
⑯69

2 ①○ ②135 ③63 ④○

3 108−65＝43 43さつ

アドバイス 2 ②十の位にくり上げた1をたし忘れています。
③一の位の計算は，百の位から順にくり下げます。

$\begin{array}{r} {\scriptstyle 9} \\ {\scriptstyle \not{1}\not{0}\,10} \\ \not{1}00 \\ -\ 37 \\ \hline 63 \end{array}$

18 大きい 数の ひっ算 47ページ

1 ①475 ②285 ③797 ④810

2

① $\begin{array}{r} 213 \\ +\ 72 \\ \hline 285 \end{array}$ ② $\begin{array}{r} 40 \\ +538 \\ \hline 578 \end{array}$

③ $\begin{array}{r} 145 \\ +\ 27 \\ \hline 172 \end{array}$ ④ $\begin{array}{r} 417 \\ +\ 56 \\ \hline 473 \end{array}$

⑤ $\begin{array}{r} 9 \\ +401 \\ \hline 410 \end{array}$ ⑥ $\begin{array}{r} 646 \\ +\ 8 \\ \hline 654 \end{array}$

3 ①334 ②532 ③702 ④906

4

① $\begin{array}{r} 486 \\ -\ 13 \\ \hline 473 \end{array}$ ② $\begin{array}{r} 619 \\ -\ 17 \\ \hline 602 \end{array}$

③ $\begin{array}{r} 291 \\ -\ 46 \\ \hline 245 \end{array}$ ④ $\begin{array}{r} 830 \\ -\ 28 \\ \hline 802 \end{array}$

⑤ $\begin{array}{r} 845 \\ -\ 7 \\ \hline 838 \end{array}$ ⑥ $\begin{array}{r} 513 \\ -\ 6 \\ \hline 507 \end{array}$

19 かけ算の しき 49ページ

1 2×4＝8

2 ①—㋐ ②—㋓ ③—㋑ ④—㋒

3 ①3×4＝12 ②5×2＝10 ③3×2＝6 ④4×3＝12 ⑤6×2＝12 ⑥3×5＝15

20 5のだんの 九九 51ページ

1 ①5 ②10 ③15 ④20 ⑤25 ⑥30 ⑦35 ⑧40 ⑨45

2 ①5 ②10 ③15 ④20 ⑤25 ⑥30 ⑦35 ⑧40 ⑨45 ⑩20 ⑪30 ⑫25 ⑬10 ⑭40

3 ㋒，㋔，㋗，㋘を○でかこむ。

21 2のだんの 九九 53ページ

1 ①2 ②4 ③6 ④8 ⑤10 ⑥12 ⑦14 ⑧16 ⑨18

2 ①2 ②4 ③6 ④8 ⑤10 ⑥12 ⑦14 ⑧16 ⑨18 ⑩6 ⑪12 ⑫16 ⑬8 ⑭14

3 ㋑，㋔，㋖，㋘を○でかこむ。

22 3のだんの 九九 55ページ

1 ①3 ②6 ③9 ④12 ⑤15 ⑥18 ⑦21 ⑧24 ⑨27

2 ①3 ②6 ③9 ④12 ⑤15 ⑥18 ⑦21 ⑧24 ⑨27 ⑩6 ⑪15 ⑫24 ⑬21 ⑭27

3 ㋐，㋒，㋔，㋖を○でかこむ。

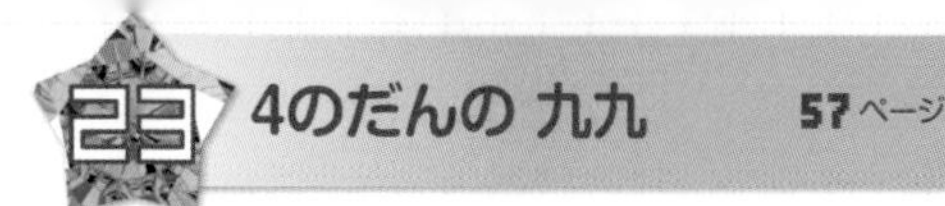

23 4のだんの 九九 57ページ

1 ①4 ②8 ③12
④16 ⑤20 ⑥24
⑦28 ⑧32 ⑨36

2 ①4 ②8 ③12 ④16
⑤20 ⑥24 ⑦28 ⑧32
⑨36 ⑩8 ⑪28 ⑫24
⑬16 ⑭32

3 ㋒，㋓，㋔，㋘を○でかこむ。

24 2，3，4，5のだんの 九九の れんしゅう 59ページ

1 ①10 ②25 ③45 ④15
⑤8 ⑥2 ⑦14 ⑧18
⑨16 ⑩9 ⑪6 ⑫12
⑬24 ⑭12 ⑮28 ⑯24
⑰36 ⑱32

2 3×6＝18　18こ

3 5×7＝35　35こ

4 4×5＝20　20円

アドバイス 式に表すときは，「1つ分の数」と「いくつ分」を場面から正しく読み取ります。

2 3（1つ分の数） × 6（いくつ分） ＝ 18（全部の数）

3 5（1つ分の数） × 7（いくつ分） ＝ 35（全部の数）

4 4（1つ分の数） × 5（いくつ分） ＝ 20（全部の数）

慣れてきたら，答えの助数詞は何になるかも自分で書けるように指導しましょう。

25 6のだんの 九九 61ページ

1 ①6 ②12 ③18
④24 ⑤30 ⑥36
⑦42 ⑧48 ⑨54

2 ①6 ②12 ③18 ④24
⑤30 ⑥36 ⑦42 ⑧48
⑨54 ⑩30 ⑪6 ⑫42
⑬24 ⑭48

3 ㋒，㋓，㋕，㋘を○でかこむ。

アドバイス **1**③ 6×3の答えは，先に習う3の段の九九3×6の答えと同じになっています。

・6×3＝3×6

26 7のだんの 九九 63ページ

1 ①7 ②14 ③21
④28 ⑤35 ⑥42
⑦49 ⑧56 ⑨63

2 ①7 ②14 ③21 ④28
⑤35 ⑥42 ⑦49 ⑧56
⑨63 ⑩7 ⑪56 ⑫63
⑬28 ⑭49

3 ㋑，㋓，㋔，㋖を○でかこむ。

アドバイス **1**② 7×2の答えは，先に習う2の段の九九2×7の答えと同じになっています。

・7×2＝2×7

7の段の九九は間違えやすいので，何回も練習させるとよいでしょう。

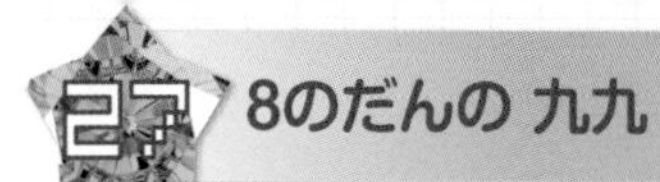

27 8のだんの 九九

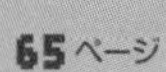

65ページ

1 ①8　②16　③24
④32　⑤40　⑥48
⑦56　⑧64　⑨72

2 ①8　②16　③24　④32
⑤40　⑥48　⑦56　⑧64
⑨72　⑩24　⑪40　⑫56
⑬48　⑭72

3 ㋑，㋔，㋖，㋘を○でかこむ。

アドバイス **2** ③，⑩ 8×3＝24と3×8＝24のように，かけられる数とかける数を入れかえて答えが同じことを確認させるとミスを防ぐことができます。

28 9のだんの 九九

67ページ

1 ①9　②18　③27
④36　⑤45　⑥54
⑦63　⑧72　⑨81

2 ①9　②18　③27　④36
⑤45　⑥54　⑦63　⑧72
⑨81　⑩18　⑪63　⑫81
⑬72　⑭36

3 ㋓，㋕，㋗，㋘を○でかこむ。

アドバイス どの段もすらすら言えるように練習させましょう。

慣れてきたら，9×9＝81，9×8＝72，…のように，逆から言えるかどうか試してみてもよいでしょう。

29 1のだんの 九九

69ページ

1 ①1　②2　③3
④4　⑤5　⑥6
⑦7　⑧8　⑨9

2 ①1　②2　③3　④4
⑤5　⑥6　⑦7　⑧8
⑨9　⑩2　⑪5　⑫7
⑬3　⑭8

3 ①4　②1　③9　④6

アドバイス **3** 1の段の九九の答えは，かける数と同じ数になることに気づかせましょう。

30 6, 7, 8, 9, 1のだんの 九九の れんしゅう

71ページ

1 ①12　②30　③54　④21
⑤42　⑥56　⑦16　⑧48
⑨72　⑩27　⑪54　⑫81
⑬45　⑭3　⑮7　⑯8
⑰6

2 7×2＝14　　14本

3 9×8＝72　　72こ

4 6×7＝42　　42つぶ

アドバイス

2
7	×	2	＝	14
1つ分の数		いくつ分		全部の数

3
9	×	8	＝	72
1つ分の数		いくつ分		全部の数

4 6つぶの7ひき分を求めます。

6	×	7	＝	42
1つ分の数		いくつ分		全部の数

31 九九の れんしゅう① 73ページ

1 ①6 ②9 ③25 ④24
⑤5 ⑥21 ⑦48 ⑧28
⑨45 ⑩4 ⑪40 ⑫64
⑬30 ⑭49 ⑮54 ⑯8
⑰36

2 ①4 ②6 ③3 ④4

3 ①2 ②7 ③4 ④1
⑤5 ⑥7 ⑦9

アドバイス **2** **3** かけられる数とかける数を入れかえて計算しても，答えは同じになります。
　また，かける数が1ふえると，答えはかけられる数だけふえます。

32 九九の れんしゅう② 75ページ

1 ①14 ②24 ③20 ④42
⑤1 ⑥24 ⑦35 ⑧45
⑨63 ⑩16 ⑪28 ⑫12
⑬72 ⑭54 ⑮56 ⑯42
⑰16 ⑱27

2 ①あ4 い16 う16 え24
②あ8 い24
③あ4 い8 う8 え24

3 4×8＝32

アドバイス **2** **3** ★の数は，同じ数のまとまりを作ると，かけ算を使って求めることができます。
　自分の考えを，かんたんな図や式に表す練習をさせましょう。
3 8×4＝32も正解です。

33 九九の ひょう 77ページ

1 ①3 ②10 ③12 ④6
⑤18 ⑥12 ⑦20 ⑧36
⑨5 ⑩40 ⑪24 ⑫36
⑬21 ⑭49 ⑮56 ⑯32
⑰72 ⑱18 ⑲36

2 ①1×9，3×3，9×1（順不同）
②2×9，3×6，6×3，9×2
（順不同）

3 ①あ11 い20，22 う22
②あ12 い33，36 う36

アドバイス **3** かけ算のきまりを復習しておきましょう。

34 まとめテスト 79ページ

1 ①96 ②141 ③670
④37 ⑤70 ⑥78

2
① 68 ＋ 6 ＝ 74
② 29 ＋ 74 ＝ 103
③ 325 ＋ 49 ＝ 374
④ 123 － 94 ＝ 29
⑤ 101 － 8 ＝ 93
⑥ 784 － 78 ＝ 706

3 ①29 ②59

4 ①18 ②36 ③7 ④48
⑤54 ⑥63 ⑦72 ⑧12
⑨35 ⑩21 ⑪48 ⑫25

5 ウ，エを◯でかこむ。

アドバイス
3 ①9＋18＋2＝9＋20＝29

奇数月（1・3・5・7・9・11月）15日発売

「かわいいキャラクターが大好き」「べんりな文房具や雑貨がほしい」
「オシャレなファッションが気になる」「おもしろいマンガが読みたい」
そんな、今どきの小学生の願いを叶える雑誌が「キラピチ」だよ★

キラピチをもっと知りたいコは
うらめんをチェック★

誌面といっしょに紹介するよ！
大人気キャラクターの最新情報がゲットできる★
グッズの紹介やニュースがもりだくさん♡
紫原夕莉乃（ゆりの）
リラックマとのんびり過ごそう♪
今どきのファッション＆ヘアアレンジがわかる♡
今日なに着てく？
寒さ別アウターLesson
キラピチでオシャレになっちゃおう★
若松美咲（ミサ）
ちょーごうかなふろくやかわいいシールがついてくる！
キラキラマルチポーチで『推し活』にちょーせんしよ♪
奇数月（1・3・5・7・9・11月）15日発売
キラピチ最新号は、全国の書店やネット書店で発売中♪
気になったコはぜひキラピチを手に入れてね★
大西佑奈（ユナ）
キラピチ公式ホームページ
https://kirapichi.net/
YouTube
@user-ty5ei5bo3p
Instagram
kirapichi
日々更新中★公式ホームページやSNSも要チェックだよ！